DEDICATORIA

Este libro está dedicado a Rocío, Diana y Jorge. Juntos trabajamos en el proyecto más apasionante posible; aprender el secreto de una vida intencional.

Vuestro presente lleno de energía me revitaliza.

Vuestro futuro lleno de oportunidades me motiva.

Porque merecéis que os dé lo mejor de mí, busco alcanzar mi mejor versión personal y profesional.

.

A mis padres, sin cuya educación este libro no hubiera sido posible. Las personas que me enseñaron el valor de la paciencia, la perseverancia y la acción. Primero lo primero y después lo demás.

A mi hermana, unidos por el amor y la sangre, y por su apoyo constante.

Inspirado por:

Todas aquellas personas con las que he contactado o a las que he seguido. En todas he encontrado inspiración incluido en el feed-back negativo. Especialmente he sido inspirado por John C. Maxwell, Dale Carnegie, Susanne Madsen, Chris Locurto, Dan Rockwell, Michael Hyatt, Isra García, Eduardo Punset, Jorge Zuazola, Jeremie Kubicek, Lolly Daskal y Kaylene S. Mathews.

He encontrado algo en común en todos ellos: "su alta capacidad de inspirar a los demás el deseo de crecimiento personal y hacerlo sobresalir del interior de cada uno para que a su vez estos puedan contribuir expandiéndolo a otros muchos."

PRÓLOGO DE CARLOS J. PAMPLIEGA

ALCANZA TU MÁXIMO POTENCIAL EN LA GESTIÓN DE PROYECTOS

7 CLAVES
QUE CONVERTIRÁN EN UN LÍDER DE PROYECTOS

DAVID ROMERO

Liderazgo en Proyectos
David**Romero**

ÍNDICE

PRÓLOGO POR:
CARLOS J. PAMPLIEGA

Este es un gran momento para los directores de proyectos: nunca ha habido más oportunidades para conseguir el éxito de los proyectos y crear a través de ellos un impacto positivo en las empresas y por extensión en la sociedad que nos rodea.

Nos hemos visto sorprendidos en un entorno que está en continua evolución, en un cambio de era propiciado por una auténtica revolución industrial, por la velocidad de los avances técnicos y los cambios sociales que implican. Estos cambios implican nuevas habilidades necesarias para todos los profesionales, y en concreto para los directores de proyectos.

El lema del Foro Económico Mundial de Davos ha tenido este año como tema central *La cuarta revolución industrial,* y planteaba los retos que traerá el cambio de era que ya estamos experimentando este siglo. El impacto de la interconectividad de las personas, de la gran capacidad de almacenaje y procesamiento de datos y de nuevas disciplinas como la robótica, la nanotecnología o el internet de las cosas, cambiarán el mundo, igual que sucedió en el siglo XVIII con la máquina de vapor, en el XIX con la electricidad y en el XX con la digitalización.

Las conclusiones del FEM son claras: las competencias que se exigirán a los trabajadores en 2020 cambiarán significativamente con las que se demandaban en 2015.

En este panorama, el Liderazgo es una de las habilidades o competencias del director de proyectos indispensable para asumir los retos que supone un mundo en continuo cambio y evolución. Por ello, encontrar las claves que te convertirán en un líder de proyectos, como dice el subtítulo de este libro, puede ser la circunstancia que cambie tu percepción de los proyectos en esta nueva revolución industrial, alineado con lo que las empresas están demandando de sus directores de proyectos.

En esta cuarta revolución industrial, nos encontramos en el escenario altamente competitivo de una sociedad global, con problemas comunes e interconectados gracias a la tecnología. Esto ha cambiado la manera en que se relacionan los trabajadores entre sí y con sus organizaciones. También ha cambiado la posición que adoptan los directores de proyectos dentro de la organización, pasando de controladores técnicos para convertirnos en auténticos líderes de equipo, o facilitadores de un escenario de participación y colaboración. El director de proyectos del siglo XXI verá necesario el manejo de las nuevas tecnologías y la aplicación de modelos directivos que promuevan espacios de participación entre sus colaboradores, como el uso de herramientas o entornos digitales de trabajo en la nube o *Project Management 2.0*

Las nuevas tecnologías de la información (TIC) han propiciado la interconectividad de las personas y una capacidad de almacenaje y procesamiento de datos casi ilimitado en la nube o el internet de las cosas. Esto hace que el acceso a la información se haya generalizado: Los datos, la materia prima de los procesos industriales del siglo XXI fluyen a través de internet como un éter en los intersticios de la realidad.

Las TIC proporcionan herramientas colaborativas útiles para manejar toda esta información en los proyectos de una forma ágil y en tiempo real. Los procesos involucrados en las actividades, tales como integrar e interpretar la información, se hace de una forma mucho más eficaz y directa gracias a las herramientas colaborativas. La explosión informativa desencadenada por las TIC requiere de los profesionales nuevas habilidades de acceso, evaluación y organización de la información en entornos digitales.

Las teorías tradicionales sobre Liderazgo no contemplaban la influencia que el acceso generalizado a la información y el trabajo colaborativo están ejerciendo en la motivación de los trabajadores. El acceso abierto a la información, no sólo por parte del equipo de proyecto, sino también del resto de involucrados en el proyecto implica un entorno colaborativo donde es más importante la participación de clientes, empleados, dirección y el resto de interesados de la organización en los procesos de gestión que afectan a la toma de decisiones.

Ted Coine y Mark Babbit, autores del libro *A World Gone Social: How Companies Must Adapt to Survive*, explican esta relación entre la Era Social de los negocios y la Revolución Digital a la que se deben adaptar. Impulsada por la colaboración –y construida sobre los cimientos de la nueva tecnología que permite una comunicación directa con cualquier persona a un clic de distancia- lo que denominamos entorno 3.0 está marcando a las empresas: organizaciones con jerarquías más planas donde la comunicación es abierta, un liderazgo auténtico y un cambio de cultura empresarial donde los clientes y proveedores adquieren un mayor peso en las decisiones de las empresas.

Con la facilidad en el acceso a la información, el dominio de contenidos técnicos está perdiendo importancia frente a las competencias de proceso y liderazgo: Como directores de proyectos debemos desarrollar nuestras habilidades interpersonales para trabajar en este entorno global colaborativo y en continuo cambio.

The Economist Intelligence Unit, desarrolló un programa para examinar las competencias que las empresas están demandando a sus nuevos trabajadores, denominado *Driving the skills agenda: Preparing students for the future*. Los resultados de este estudio indican que los conocimientos y el dominio de las materias y la información están perdiendo peso en un entorno digital en el que la información está al alcance de un clic. Por contra, las habilidades y competencias más demandadas por las organizaciones tienen que ver con el liderazgo, la alfabetización digital, o la capacidad de resolver problemas complejos. El resultado más representativo de este estudio es que la resolución de problemas, la capacidad de trabajo en equipo y la comunicación son las competencias que se exigen en los nuevos puestos de trabajo,...y también en los proyectos.

Siguiendo en esta línea, la National Education Association (NEA) de Estados Unidos, con el apoyo y los fundamentos de la Project Management Institute Educational Foundation (PMIef), cuya misión principal es llevar la educación por proyectos a las escuelas desde edades tempranas, mantienen que existen cuatro habilidades fundamentales que complementan al resto para preparase para la sociedad del siglo XXI y trabajar en entornos globales y colaborativos. En un documento titulado *Preparing 21st Century Students for a Global Society* explica cómo los profesionales tienen acceso casi ilimitado a la información. Sin embargo, muchos de estos profesionales carecen de las habilidades adecuadas para beneficiarse de la abundancia de información de la era digital.

Según PMIef, estas habilidades imprescindibles que precisará el director de proyectos en una economía global moderna, y que son clave para el éxito de los proyectos son: Pensamiento

Crítico, Creatividad (Innovación), Comunicación y Colaboración (Trabajo en Equipo).

Las destrezas relacionadas con la comunicación y la colaboración en los proyectos supondrán la mayor diferencia entre profesionales, y en lo que está basado el grueso de este libro.

Los documentos antes citados sugieren que las aplicaciones TIC fortalecen y aumentan las posibilidades de comunicación, así como la coordinación y colaboración entre iguales. Pero además, han servido para potenciar un sentido de responsabilidad hacia los otros como miembros de una comunidad que participa y contribuye positivamente. En este sentido, además de estas cuatro habilidades propias del estilo de liderazgo, para adaptarse a esta Era Social debemos considerar una componente ética.

El cambio de era en el que los profesionales están compitiendo y ejecutando sus proyectos requiere además de las anteriores habilidades, una generosa capacidad de adaptación. Las habilidades necesarias para adaptarse a los cambios de contexto son valores como la adaptabilidad o el carácter. La globalización, la multiculturalidad de los equipos y organizaciones, y el auge de las nuevas tecnologías de comunicación traen consigo desafíos éticos. Las habilidades y competencias relacionadas con la ética y el impacto social, serán igualmente importantes para los profesionales y los directores de proyectos del siglo XXI.

Por tanto, a las habilidades de Liderazgo determinantes para el éxito de los proyectos, habría que añadir capacidad para adaptarse a los cambios y una componente que afecta al impacto social de los proyectos y las organizaciones, que empieza en el carácter de las personas. Así, debemos desarrollar una conciencia sobre los retos que suponen los proyectos en la Era Social. Los proyectos tienen un gran impacto en nuestro entorno considerando las implicaciones económicas, medioambientales y culturales para el individuo y la sociedad. La responsabilidad social implica que las acciones de los individuos puedan tener impacto sobre la sociedad en su conjunto.

Si hablamos de una crisis de valores, el director de proyectos no debe olvidar su rol de agente social. Y no sólo a nivel interno en el ámbito del equipo de proyecto, sino también a nivel externo. Los proyectos son eventos sociales y tienen un impacto y una influencia en la comunidad que debemos considerar. La gestión de los interesados del proyecto cada vez es un área más significativa y de mayor influencia en su éxito o fracaso.

Y esta responsabilidad no está reservada a los grandes líderes que vemos en los medios de comunicación, o en los foros internacionales. Los líderes de hoy son personas comunes, que ejercen muchas veces un liderazgo involuntario. Esto se aleja de la imagen elitista y tampoco tiene que ver con la imagen vacía de un líder de cartón apeado en las rrss sin carácter ni valores.

Todos tenemos la capacidad de influir con nuestras acciones y compromiso ya que nuestro liderazgo afecta positivamente a las personas con las que colaboramos. Si estás leyendo este libro es que tú estás comprometido con el desarrollo de tus habilidades de liderazgo en los proyectos. TÚ también eres un Líder.

David Romero ha escrito este libro bien estructurado con 7 claves que te convertirán en un Líder de Proyectos, y que está alineado con lo que las empresas están demandando de sus *project managers*. De entre estas claves, la Intencionalidad es la que refuerza al resto de habilidades, la que hace que las otras se hagan realidad. Arrancar los proyectos visualizando el objetivo tiene un gran poder de atracción y movimiento que te ayudará a determinar lo que necesitas para conseguirlo, los problemas con los que te encontrarás y las acciones que tomarás para conseguirlo. Empezar al final es una mentalidad que conduce consistentemente a un comportamiento más efectivo. ¿Cuál es nuestro objetivo? ¿Cuál es la visión del proyecto? ¿De nuestra organización? ¿Qué problemas nos encontraremos y cómo los vamos a sobrellevar?

La Intencionalidad hará que alcances tu máximo potencial como director de proyectos porque te obligará a preguntarte: ¿dónde estoy hoy?, ¿dónde quiero estar el día de mañana?, y a que adquieras el compromiso sobre lo que necesitas para conseguirlo.

Por último, convierte estos valores en un hábito para transformarte en un auténtico Líder de Proyectos.

BREVES NOTAS: EL LIDERAZGO EN LA GESTIÓN DE PROYECTOS

Por primera en la historia toda meta profesional que nos propongamos es alcanzable. Hoy en día las posibilidades de formación y de conexión con todos los lugares y personas del mundo nos lo posibilitan. Reconociéndolo y confiando en nuestras posibilidades, podremos alcanzar las metas que nos planteemos.

Es la primera vez en la historia en la que cualquier objetivo profesional se ve posible y se siente alcanzable. Dentro de unos cuantos años miraremos a esta época con el orgullo de haberla vivido y nos preguntaremos ¿qué hicimos para sacar el máximo provecho profesional de aquella época? La respuesta a esta pregunta nos lleva al liderazgo. No podemos llegar a nuestro máximo desarrollo sin pasar por él.

El liderazgo no es ser jefe, es ser capaz de estimular a alcanzar el máximo de cada persona. Es ser un ejemplo. El liderazgo no se basa en dirigir, sino en servir e inspirar a los demás. Es ser la llama que enciende el fuego que late en el interior de todo ser. Es ser el aliento que ayuda a seguir hacia adelante a los demás. Es abrir la mente de toda persona, enseñando y ayudando a recorrer un viaje fascinante. No es trabajar mejor o rendir más. Es alcanzar el máximo potencial de cada persona.

Por su formación y trabajo, el colectivo que trabajamos en la gestión de proyectos tenemos un enorme potencial. En los próximos años habrá una explosión en la gestión de proyectos en todos los países que afectará a todos los sectores.

Todo está cambiando con rapidez y aún así uno de los cambios, de los destinados a ser más determinantes, sigue sin haberse desarrollado definitivamente. Será el gran reto de la próxima década. Siempre estuvo ahí.

¿Quieres explorarlo?

El PMI (Project Management Institute) ha clasificado a las habilidades de liderazgo como uno de los tres lados del triangulo que escenifican los ámbitos que todo profesional de proyectos debe seguir desarrollando en su carrera profesional. Sus propias estadísticas le han dado un relevancia del 81% frente a los otros dos lados del triangulo que configuran los grupos de habilidades de competencias a desarrollar. ¿Quieres cambiar los proyectos?, ¿quieres cambiar tu vida?, ¿quieres cambiar la vida de los demás? El liderazgo no se queda en los proyectos, te acompaña todo el día y trasciende a todos los ámbitos de tu vida.

En los últimos años la situación global nos ha retrasado. Fruto de diversos contactos en distintos países me he dado cuenta que en ningún país existe un relevante desarrollo en el liderazgo de proyectos. Está surgiendo ahora con más fuerza que nunca. Tenemos una extraordinaria oportunidad para ponernos a la cabeza. Ese es mi reto. Desarrollar al máximo nivel el liderazgo en la gestión de proyectos y contribuir al desarrollo y avance que todos podemos alcanzar. El liderazgo de proyectos, también tiene que hablarse en español.

BREVES NOTAS: QUÉ PUEDES ESPERAR DE ESTE LIBRO

El objetivo de este libro es facilitarte que puedas alcanzar tu máximo potencial profesional en la gestión de proyectos. Por ello es un libro específico de liderazgo de proyectos. Esa es la única forma de alcanzar tu potencial. Liderar personas es la clave del éxito.

Este libro no es de project management, sino de project leadership. No es de gestión, sino de liderazgo de proyectos.

El liderazgo se basa en ti y en cómo influyes en el trabajo y desarrollo de los demás. Tu actitud es valorada por los demás y estos son quienes te posicionan o no, como líder.

Liderar requiere de personas, de actitud, intencionalidad, crecimiento, inspiración, acción, humildad, compromiso, confianza, valentía, reflexión, integridad, autenticidad y disciplina.

RECONOCIMIENTO

Me gustaría agradecer a Carlos J. Pampliega por su ejemplo de liderazgo, compromiso con la gestión de proyectos y su siempre excepcional disposición. Y por supuesto por acompañarme y contribuir en este libro poniendo su sello personal en el prólogo.

"El éxito del proyecto se basa en su liderazgo"

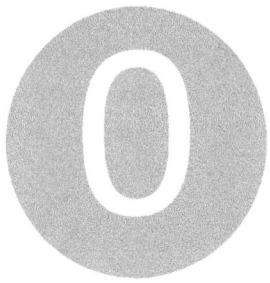

INTRODUCCIÓN

"Un líder es alguien que sirve a un equipo creando poderosas sinergias, consiguiendo resultados que no hubiesen sido posibles sin su actitud. Es el resultado de una actitud personal que inspira a los demás a su superación."

Primer factor determinante

Quién me iba a decir que en mi primer proyecto tendría una experiencia tan extraordinaria que años después se convertiría en la lección más importante en la gestión de proyectos que nunca habría aprendido. Una experiencia que resultaría determinante a la hora de entender cómo podría desarrollar mi máximo potencial.

Aquel primer proyecto fue hace ya 15 años, aunque no entendí su verdadera dimensión hasta varios años después. Era mi primer proyecto y evidentemente sentía una gran responsabilidad. Quería acabar aquel primer proyecto con éxito. Sin embargo, era consciente de que no tenía ninguna experiencia y me preguntaba ¿cómo puedo tener éxito en este proyecto?, ¿de qué manera puedo hacer bien aquello que en realidad nunca he hecho? No encontraba respuesta a mis preguntas. Hasta que al final, después de mucho pensar, decidí que la mejor manera sería comportarme con absoluta honestidad, ser totalmente abierto y explícito. Decidí hablar lo justo y necesario y sobre todo escuchar. Me dediqué a preguntar a mi equipo y a cualquier persona afectada por el proyecto y sobre todo a escuchar, escuchar y seguir escuchando.

Fue aquella actitud la que me facilitó tomar las decisiones al ser capaz de reunir gran cantidad de información. Y fue así como se fue gestando mi lección más importante en gestión de proyectos. Pero no la aprendí inmediatamente. Años después me volví a preguntar: ¿por qué en aquel proyecto la gente se comportó de manera especial?, de modo que el proyecto tuvo éxito. Quizá ¿les caí en gracia?, ¿me querían ayudar?, ¿me veían temeroso o les daba pena? ¿Por qué aquella gente se involucró en aquel proyecto más de lo que había percibido que la gente se involucraba en anteriores proyectos en los que había estado como estudiante en prácticas?

No acababa de entenderlo. Sin duda, tenía que haber alguna razón que se me escapaba. Hasta que después de bastante tiempo encontré la respuesta y el tiempo de espera y la reflexión verdaderamente merecieron la pena. Fue la lección más importante que nunca he recibido en gestión de proyectos. ¿Por qué aquella gente se involucró más de lo normal? La respuesta es que al preguntar, escuchar, escuchar y seguir escuchando, el equipo y resto de involucrados en el proyecto se sintieron especialmente útiles. Sintieron que sus respuestas importaban, que ellos importaban, que su trabajo importaba. De esta manera sintieron que a través de su trabajo tendrían la oportunidad de marcar la diferencia en el resultado del proyecto. El resultado sería fruto de su trabajo personal. Así que esta fue la lección más importante de mi vida en la gestión de proyectos.

Si haces sentir a la gente que importa, que su opinión importa, que su trabajo importa, se construye un ambiente de seguridad y motivación donde todo el mudo puede hablar abiertamente, aportar sus mejores ideas y abrir la mente a la creación de grandes soluciones. De esa manera cualquier persona puede sentir con claridad que su trabajo importa, que es clave y que se encuentra dentro de un equipo libre determinado a hacer algo importante.

Segundo factor determinante

Además de aquella gran lección, hace pocos años viví unos de esos momentos "Aha" o "Eureka". Me refiero a uno de esos momentos en los que a través de un suceso algo te cambia en la vida o algo te motiva a moverte en una dirección clara. Es una especie de gran descubrimiento personal. Fue el otro hecho determinante de los dos que me han ayudado a encontrar y entender mi verdadera pasión por alcanzar el máximo potencial en la gestión de proyectos.

En este caso el efecto fue mucho más instantáneo. No me llevó tanto tiempo comprender su importancia. En realidad resultó inmediato. Fue a raíz de la lectura de un informe del PMI (Project Management Institute) denominado "PMI´s Pulse of the Profession In-Depth Report: Navigating Complexity". En él, se presentaban los resultados de una macro encuesta a profesionales de todo el mundo implicados en proyectos complejos.

La encuesta efectuada se basaba fundamentalmente en la siguiente pregunta: ¿Cuál es la habilidad más determinante a la hora de tener éxito en la gestión de proyectos? Ni por casualidad pude adivinar que los resultados de aquella encuesta cambiarían en parte mi vida. Lo cierto es que aquella pregunta de la encuesta no me llamó inicialmente la atención.

No obstante me tomé un momento para pensar en la pregunta y rápidamente encontré una posible respuesta. Las habilidades técnicas, me respondí. Sin ese bagaje específicamente técnico no sabemos nada. ¿Está bien claro no? La respuesta fue que solamente el 9 % de las personas consideraron las habilidades técnicas como las más relevantes. Sólo el 9%.

Está bien, me dije, estoy equivocado. Serán entonces las habilidades de negocio o habilidades estratégicas. Y lo cierto es que otro 9% consideraban a esas habilidades como las más importantes. Un 9% y un 9%. Hasta que llegué a las siguiente habilidad. Esta habilidad era considerada como la más importante para el 81% de las personas involucradas en proyectos complejos. ¿Sabes cuál fue esta habilidad?

Las habilidades de liderazgo de nuevo se ponían delante de mí y eran reconocidas como las más importantes. Cada vez se habla más de ellas, aunque no dejan de seguir en un limbo confuso dentro de una nebulosa llena de conceptos poco desarrollados, donde la teoría prevalece, la práctica falta y su adecuación a la realidad de los proyectos no ha sido claramente adaptada al día a día. Mucho menos en su más alto nivel, aquel en el que un líder lidera y de ese modo alcanza el máximo potencial suyo y el de las personas implicadas, de modo que juntos alcanzan los mejores resultados posibles en el proyecto.

La revelación de aquel "momento aha" fue lo que me determinó a reflexionar, desarrollar y reunir aquellas experiencias y conocimientos para servir de ayuda a todo profesional de proyectos a alcanzar su máximo desarrollo.

Mi determinación

Seguramente te ha pasado como a la mayoría. Probablemente has pensado alguna vez o piensas a menudo que tiene que haber algo más en el desarrollo profesional tuyo, que podrías hacer mucho más, que eres capaz de conseguir mejores resultados. Siempre me ha incomodado el no tener respuesta al ¿qué hay? y ¿cómo se alcanza? y también el ver a tantos compañeros padecer la misma sensación de impotencia, de no saber dónde podrían mejorar, más aún considerando el enorme potencial de tantos profesionales de proyectos.

Desde siempre había sentido pasión por la gestión de proyectos y mis experiencias me hicieron sentir auténtico entusiasmo por el liderazgo ayudando a los demás. Al fin el liderazgo está empezando a ser considerado como determinante en la época actual y en nuestro mundo en el idioma español tenemos una carencia muy grande de documentación sobre el tema.

Así fue, como poco a poco, fui encontrando la fórmula de mi pasión y mi gran propósito:

- Por un lado decidí coger aquella lección más importante de mi vida en gestión de proyectos, en el liderazgo de proyectos. Aquella experiencia en la que aprendí la incomparable relevancia que resulta de hacer sentir a las personas que sí importan.

- Por otro lado, la gran revelación que para mí resulto en la encuesta del PMI: "el liderazgo es clave en el éxito".

- Y finalmente le añadí mi determinación a explorar en su máxima extensión el liderazgo de proyectos para de ese modo poder ayudar al mayor número de profesionales de proyectos a llegar a su máximo nivel.

Así fue como comprendí mi pasión y le pude dar respuesta a ¿por qué hago lo que hago?

¿Y qué es lo que hago?

Siento gran entusiasmo ayudando a jefes y técnicos de proyectos a comprender y asimilar las habilidades de liderazgo necesarias, que les permitan alcanzar su máximo potencial, de modo que obtengan los mejores resultados en la gestión de sus proyectos.

Hoy en día las habilidades de liderazgo ya han sido ratificadas como las más importantes y en la próxima década serán, sin duda, las que tendrán un mayor desarrollo.

¿Te ha pasado?

Llega un momento en la vida de toda persona que trabaja en la gestión de proyectos en la que nos hacemos las mismas preguntas:

- ¿Voy a hacer lo que estoy haciendo hoy durante toda mi vida?

- ¿Lo voy a hacer de la misma manera?

- ¿Hay algo más que se me está escapando y que me está impidiendo ser mejor profesional y sentir mayor realización?

- ¿Puedo mejorar y alcanzar mi máximo potencial, ese potencial que siento que llevo dentro?

Lamentablemente en muchas ocasiones estas preguntas no obtienen respuesta o bien las que sí la tienen, no nos gustan. No sabemos muy bien cómo mejorar y aceptamos la situación.

A partir de entonces nos sentimos simplemente completando tareas y proyectos, sintiendo que prácticamente hemos llegado a nuestro tope profesional. Entonces en el mejor de los casos intentamos mejorar haciendo más y más cosas. Pero esto no nos lleva a otro lugar, más que a estar más y más ocupados. No nos damos cuenta de que no consiste en estar ocupados, sino en hacer aquello que es importante, aquello que marca la diferencia.

Como consecuencia de ello, podemos llegar a perder parte de la motivación y a largo plazo nuestros resultados podrían empeorar. Es un buen momento para dar el siguiente paso en nuestra mejora profesional. Es este paso, sin duda, el más importante que nunca podremos dar.

Sé muy bien como te sientes. ¿Por qué? Porque una vez estuve en el lugar donde podrías estar tú y por eso tengo tanta confianza en lo que vas a aprender en este libro. Estoy absolutamente convencido del gran valor de este aprendizaje.

Nuestra sociedad nos hace autómatas

Vivimos en una sociedad que nos hace ser muy mecánicos en nuestro día a día. En muchas ocasiones nos comportamos como verdaderos robots. Todo nuestro apartado profesional diario está muy estructurado y comprimido al máximo y esto afecta al resto de nuestra vida. Sencillamente no somos intencionales.

Hacemos las cosas porque se espera que las hagamos en el trabajo y las hacemos mecánicamente para ganar eficacia. Además lo hacemos de la misma manera que la mayoría. Que sea algo que hacemos a imagen de la mayoría, no quiere decir que sea lo mejor. La mayoría puede estar muy confundida, pero aún así, nosotros nos podemos ver inducidos a hacer lo mismo.

No solemos cuestionarnos nada, por lo que aportar valor nos resulta muy difícil. Por si fuera poco, en muchas ocasiones manejamos nuestra vida personal tan mecánicamente como realizamos nuestro trabajo.

Se nos exigen resultados inmediatos. Esta exigencia hace que nos metamos en la rutina habitual inmediatamente, sin cuestionarnos si podemos alcanzar los objetivos de otra manera y con éxito. Nuestro apartado profesional invade nuestro apartado personal y en ambos nos comportamos de modo similar.

Todos tenemos sueños sobre cómo nos gustarían que fuesen las cosas. Tenemos ideas, pero por lo general no las hacemos realidad.

Las buenas ideas no son suficientes, la acción sí. Las ideas en sí no son nada si no hay acción. Se requiere intencionalidad para alcanzar grandes resultados.

Muchas personas ni siquiera lideramos nuestras propias vidas. Simplemente las aceptamos. Por ello obtenemos resultados medios a pesar de llevar a cabo un gran esfuerzo.

> *"Haces lo que crees que puedes hacer, ¿quién decide lo que no puedes hacer?"*

Qué te va a aportar este libro

Te va a proporcionar los pasos y herramientas necesarios para que puedas avanzar de manera determinante en tu trayectoria profesional alcanzando tu máximo potencial.

A través de una serie de claves podrás alcanzar un nivel superior en tu perfil profesional. Conocerás, comprenderás y asimilarás el concepto de liderazgo aplicado a proyectos. Es la única manera que existe para alcanzar tu máximo potencial. No hay otra forma.

Siempre he buscado entender nuestro límite profesional, nuestro más alto nivel. Por eso a parte de mi experiencia profesional, sentí la necesidad de embarcarme en los estudios de un Máster en Gestión de Proyectos, certificarme como PMP por el PMI adquiriendo un conocimiento reconocido en todo el mundo y por supuesto asistí a una gran cantidad de cursos y webinars de formación.

Además experimenté procesos de mentorización con algunos de los expertos más importantes del mundo en el campo de la gestión de proyectos. Hasta que llegó el día en el que me di cuenta, que lo que en realidad marca la diferencia no se estudia en ningún sitio. Es sólo a través de un proceso muy personal de desarrollo de habilidades de liderazgo como podemos desarrollarnos conforme siempre habíamos soñado.

Eso es lo que vas a encontrar. Conocerás aquello que es más relevante para poder sobresalir profesionalmente. Aprenderás los hábitos y habilidades de un líder intencional.

A quién le interesa

- Este libro está destinado para todas aquellas personas que tienen trabajadores a su cargo o trabajan en equipo.

- Para todos aquellos que quieren sobresalir y optar a conseguir un puesto de mayor relevancia, sea cual sea su posición actual.

- Para los que quieren ayudar a otros a realizarse, pues esa es la mejor manera de crear un equipo.

- Y está especialmente dirigido a los profesionales que trabajan en la gestión de proyectos.

El campo de los proyectos

Cada vez existen más y mejores profesionales. Una gran cantidad de ellos tienen una gran formación y continuamente tratan de estar actualizados con las últimas tendencias. Pero ¿destacan como se merecen después de tanto esfuerzo?, ¿están enfocando su mejora profesional correctamente?

Actualmente, las grandes facilidades para crear conexiones profesionales de gran valor en cualquier parte del mundo, facilitan las oportunidades y por extensión posibilitan alcanzar cualquier meta profesional.

Tengo multitud de compañeros y amigos que tienen un gran potencial y sin embargo les falta dar el último paso. El paso definitivo que les haga llegar a donde les gustaría y a donde merecen. Sería triste que una época con tantas posibilidades, un número importante de grandes profesionales de proyectos no se pudiesen desarrollar al máximo nivel y no pudiesen alcanzar su máximo potencial en nuestro campo.

Mediante este libro quiero darle la vuelta a esta situación. Aquí podrás aprender aquello que quizá te falte para dar un salto cualitativo.

Probablemente cuentes con varios años de experiencia como técnico o jefe de proyectos. Incluso puede que hayas estudiado un Máster en Gestión de proyectos y/o estés certificado como profesional en Proyectos. Sin duda toda tu experiencia y estudios te habrán convertido en un mejor profesional, sin embargo, a pesar de ser importante nada de ello será determinante para alcanzar tu mejor versión profesional.

Este libro te ayudará a conocer y desarrollar las habilidades determinantes que marcan la diferencia. La maestría de todas ellas será responsable de un poderoso impacto.

En los últimos años nos estamos poniendo al día con las tendencias en proyectos que se encuentran a la vanguardia en el apartado técnico en todo el mundo. El conocimiento y su aprendizaje se ven favorecidos por la facilidad con la que la información se difunde de forma global, ya sea en forma de artículos, cursos online, certificaciones de proyectos o la publicación de libros específicos, por citar algunos de los más relevantes.

Aun así son otros países los que están a la cabeza en el campo de la gestión de proyectos a pesar de que nuestro potencial humano pueda ser mayor. Estamos a tiempo de reducir distancias, conociendo lo mejor de ellos y sacando el potencial latente que tenemos nosotros. Siendo conscientes de aquello que podemos mejorar y de aquello que tiene una enorme relevancia es como nos podremos posicionar junto a los mejores.

Para alcanzar tu máximo potencial en la gestión de proyectos necesitas desarrollar habilidades de liderazgo.

¿Qué quiero con este libro?

- Quiero ayudarte a alcanzar tu máximo potencial en la gestión de proyectos.

- Quiero inspirarte.

- Quiero motivarte.

- Quiero participar en el cambio de tu vida.

- Quiero que luego seas capaz de hacerlo tú con otros como tú.

- Quiero ayudarte a remover conciencias.

- Quiero que compartamos una comunidad donde desde nuestro ámbito profesional, produzcamos un visible aporte a la sociedad. Y todo esto lo estaremos haciendo desde la gestión de proyectos, nuestro campo.

El regalo implícito

Pensamos que nuestra vida profesional está separada de nuestra vida personal. Es un error. No puede ser que acabemos de trabajar, cambiemos el chip y nos metamos de lleno en nuestra vida personal. Las cosas de trabajo nos acompañan a casa y a su vez las cosas de casa al trabajo, ¿no es verdad?

Uno de los descubrimientos de mayor valor que he realizado en los últimos años, ha sido que tratando de transformarme en un mejor profesional, buscando desarrollar mi máximo potencial, he obtenido como regalo una mejor vida personal.

Ha sido una grata sorpresa comprobar en mi persona que a través del desarrollo de las habilidades de liderazgo, mi vida personal se ha visto gratamente beneficiada. Esto quiere decir que también la tuya podría verse mejorada.

Organización del libro

Según irás viendo, esto no es sólo un grupo de técnicas a emplear. Los grandes resultados no se obtienen ni se basan en la aplicación de técnicas compuestas por pasos o ingredientes.

Es mucho más. Para alcanzar el máximo potencial se debe pasar también, por un cambio de mentalidad. ¡Es una transformación! Es necesario absorber y asimilar conceptos que pasarán a formar parte de tu vida, de tu forma de ser.

Por ello:

1. lo primero que te vas a encontrar en este libro es saber en qué consiste y en qué no consiste el concepto de liderazgo. Lo verás desde diferentes perspectivas que te ayudarán a darle forma al concepto.

2. Posteriormente, estarás en disposición de comenzar la transformación porque tendrás la visión de lo que buscas.

Entonces pasaremos a las 7 claves para alcanzar tu máximo potencial mediante tu evolución a líder de proyectos.

3. Nos aproximaremos a la conclusión del libro conociendo una serie de hábitos que reforzarán y alimentarán tu transformación y que te ayudarán a seguir creciendo.

4. Finalmente, no nos olvidaremos de cómo conseguirlo.

La transición a líder, ¿entenderla o asimilarla?

Lo que irás leyendo en el libro no es algo que se deba quedar en entender, sino que lo deberás asimilar y poner en práctica. La conversión en líder no es simplemente entender conceptos de liderazgo, sino interiorizarlos, ponerlos en práctica y de ese modo construir hábitos para que pasen a formar parte de tu actitud de líder.

La asimilación conlleva necesariamente repetición. Es por ello que en los Capítulos 0,1 y 2 verás cierta insistencia sobre algunos rasgos de líder. Así es como puedes asimilar en profundidad los múltiples conceptos que engloban el término liderazgo. Es necesario proporcionar diferentes enfoques para conformar una imagen sólida de aquello que queremos desarrollar. De ese modo el proceso de transformación será más efectivo y así ha sido concebido este libro.

Los hábitos de liderazgo son numerosos y no vale con dar una definición. El acercamiento es tan progresivo porque no es un concepto a la ligera. Después entraremos en el detalle con las 7 Claves.

> *"El liderazgo requiere de práctica, que por otra parte es el mejor método de aprendizaje."*

Los seis capítulos

El libro consta de los siguientes capítulos:

Capítulo 0- Introducción

De qué va este libro, por qué este libro y cómo te va a ayudar este libro. Las habilidades de liderazgo han sido reconocidas como las más determinantes a la hora de tener éxito en la gestión de los proyectos.

Capítulo 1- La imagen errónea del liderazgo en nuestra cultura

Es clave desterrar la imagen errónea y negativa que tenemos en las culturas de habla hispana. Sólo a partir de entonces ganaremos claridad, posibilitando mayores metas.

Capítulo 2- De jefe de proyecto a líder de proyecto

Ganarás una imagen más precisa de lo que verdaderamente es un líder. Cualquiera desde su posición, puede ejercer un liderazgo que aporte e inspire.

Capítulo 3- Las 7 claves en el desarrollo de un líder de proyectos

El Capítulo 3 es la parte principal del libro donde se tratan aquellos elementos claves que todo líder debe practicar para alcanzar su maestría. Su comprensión y asimilación se materializarán en una actitud y comportamiento de auténtico líder. De ese modo es como se alcanzan los mejores resultados en los proyectos y cómo podemos dar un salto profesional importante. Las claves son:

3.1. Diseñando el estilo de un líder

3.2. Conoce la historia de cada persona

3.3. Crear y compartir una visión inspiradora

3.4. Empoderar al equipo

3.5. Escucha y pregunta

3.6. Liderar con el ejemplo

3.7. La intencionalidad, clave en todo líder

Capítulo 4- Disciplinas para una mejora exponencial

Además de las 7 claves para una mejora exponencial existen una serie de hábitos comunes en la mayoría de los grandes líderes. Son una serie de hábitos que soportan a un gran líder. En este caso no son claves. Son unos sólidos cimientos sobre los que asentar tu liderazgo que te garantizarán mejorar continuadamente. Los líderes necesitan crecer constantemente.

Capítulo 5- Un líder conecta

Un líder comunica constantemente con todos los implicados en el proyecto, sin embargo, para lograr los mejores resultados, no basta con comunicar. Es necesario conectar construyendo un puente figurado entre las personas para favorecer la compenetración, el entendimiento y la armonía. ¿Cómo se hace? Lo veremos en profundidad.

Capítulo 6- Qué hago para conseguirlo

Tenemos que ganar claridad en nuestro objetivo para ser dueños de nuestros resultados. Debemos evitar dejar nuestro futuro en manos de los demás. Hay que cultivar una mentalidad positiva y producir un cambio en nuestra mente. La transformación en un líder pasa por una modificación de nuestra propia mentalidad. No tenemos que ser la misma persona toda nuestra vida, ¿por qué no mejorarla de verdad? La acción es el departamento de I+D+I de un líder.

Comencemos ya rompiendo el hielo, desterrando mitos culturales negativos del concepto de líder. Un paso necesario que damos en el Capítulo 1.

1

LA IMAGEN ERRÓNEA DEL LIDERAZGO EN NUESTRA CULTURA

"No es fácil dejar de pensar -como siempre lo hemos hecho-. Lo imposible es mejorar -pensando como siempre lo hemos hecho-".

Se acabó

Tu carrera se ha terminado. Te has quedado estancado. Mientras no destierres la parte negativa que nuestra cultura le ha otorgado al concepto de liderazgo no seguirás creciendo. Es necesario que asimiles y comprendas la profundidad y el valor del liderazgo.

Nada va a cambiar si no decides dar un paso al frente. Hoy en día no cambiar puede resultar en un retroceso. Y no me refiero como ya sospechas a seguir reciclándote exclusivamente en el apartado técnico. Me refiero a desarrollar unas habilidades de liderazgo que te diferencien, que te permitan influir positivamente en los demás inspirándoles hacia su superación, y en definitiva te permitan conseguir tus mejores resultados y crecer como persona.

Te has esforzado y te esfuerzas mucho para llegar a donde has llegado. No es el momento de trabajar con más ahínco sino más inteligentemente. No consiste en hacer más cosas para estar ocupados sino en centrarnos en hacer aquellas cosas que son importantes.

Desterrando el mito del líder

Es fundamental empezar a saber a dónde queremos llegar para poder trazar en el mapa nuestro camino. Para ello necesitamos reenfocar los significados de líder y de liderazgo. La errónea comprensión de estos términos lastra nuestro potencial profesional e incluso como sociedad. Es únicamente a través del liderazgo como se alcanza el máximo nivel y por tanto los mejores resultados posibles.

Es un malentendido cultural y por ello es clave desterrar los mitos que confunden y censuran los conceptos líder y liderazgo.

El concepto "líder" en España y en Latinoamérica tiene más connotaciones negativas que positivas. No tiene glamour, ni da caché ser un líder. Más bien nos da un poco de grima escuchar la palabra "líder". Tenemos muchos ejemplos que nos hacen sentirnos incómodos con el concepto: "líder político" siempre en la duda y bajo la sospecha relacionado con la manipulación y el aprovechamiento particular, "líder de una secta religiosa" que siempre se relaciona con engaño y tragedia, "líder de un grupo terrorista" relacionado con la barbarie….

Nuestro concepto de líder y especialmente de líder de proyectos, nada tiene que ver con algo negativo. Un líder no tiene porqué ser quien gobierna una organización o da grandes conferencias.

Tampoco una persona que dirige a un grupo desde una posición de gobierno tiene por qué ser un líder. Es decir el puesto que podamos ocupar en una organización no determina nuestra capacidad de liderazgo. Puede que ni siquiera sea un líder aquella persona que dirige una gran compañía.

"Un líder es alguien que sirve a un equipo creando poderosas sinergias, consiguiendo resultados que no hubiesen sido posibles sin su actitud. Es el resultado de una actitud personal que inspira a los demás a su superación". Bajo esta visión, debemos desarrollar aquellas habilidades de liderazgo que nos permitan alcanzar esta definición.

Un ejemplo típico

Hace poco me encontré en la web un grupo promocionando la creación de una asociación de desarrollo de la oratoria y el liderazgo. Era un grupo de ToastMasters paralelo al Capítulo de Madrid del PMI. ToastMasters es una organización sin ánimo de lucro que enseña tanto a hablar en público como habilidades de liderazgo a través de una red de clubes por todo el mundo.

Mi sorpresa fue que algunas de las personas que comentaban, reconocían estar interesadas en mejorar su capacidad de oratoria, pero no tenían interés en mejorar sus capacidades de liderazgo. Recuerdo con claridad "ser líder no va conmigo", manifestaba uno de los participantes.

Bueno, lo cierto es que para ser franco, la sorpresa fue a medias. ¿Cómo alguien va a querer mejorar sus habilidades de líder en nuestra cultura si es un concepto tan negativo?

Para añadir mayor dificultad, en nuestra cultura se nos enseña a no sobresalir. Ni por arriba ni por abajo. Se nos enseña que hay que estar en el grupo numeroso, en el grupo del centro. Así que ser un líder suena a estar por arriba por lo que no va con nuestra cultura y parece que debemos evitarlo a toda costa.

Por último, la Real Academia de la Lengua Española define líder como "persona que dirige o conduce un partido político, un grupo social u otra colectividad". Nada nuevo que añada potencia al concepto. Nuestro concepto de líder de proyectos es bastante más amplio que alguien que "dirige o conduce un equipo".

Hasta no hace mucho yo coincidía con la percepción que tenemos en España y Latinoamérica de líder al 100%. Es algo cultural.

> *"Cada persona lleva un líder en su interior, el problema es cómo aligerar el lastre cultural con el que en nuestra sociedad definimos a un líder y por tanto limita nuestro potencial dramáticamente."*

Los líderes persuaden y engañan

El concepto de líder que debemos alcanzar, no es aquel que persuade ni engaña en su beneficio. En este aspecto nuestro líder es diametralmente opuesto a cualquier concepto negativo, pues se involucra en el crecimiento personal de los demás.

Todos conocemos a "líderes" que engañan y eso no es ser líderes. El engaño no entra dentro del perfil de líder que vamos a construir. En el desarrollo de nuestras habilidades de liderazgo no utilizaremos a las personas, sino que las ayudaremos. Es bastante opuesto ¿verdad? Liderazgo trata de personas, equipo y beneficio compartido para lograr resultados insospechados.

Engañar es aprovecharse de la gente. Mientras que el líder que estamos empezando a desarrollar motiva a la gente para alcanzar su máximo potencial. Se le atribuye a Colin Powell la siguiente frase: "Liderazgo es el arte de alcanzar más de lo que la ciencia de la gestión dice que es posible".

Encuesta de liderazgo

Vimos en el Capítulo 0 los resultados de la encuesta del PMI, que con cerca de 700.000 certificados como PMPs pertenecientes a casi 170 países, es la organización internacional más grande del mundo en el campo de la gestión de proyectos.

Los resultados ante la pregunta ¿cuáles son las habilidades más determinantes a la hora de tener éxito en proyectos complejos? arrojaron los siguientes resultados en % sobre el total de los encuestados:

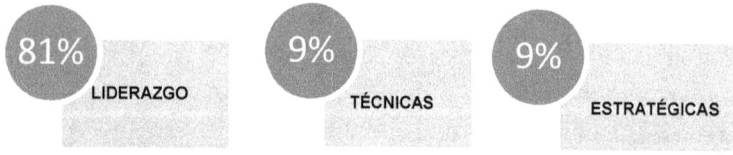

El informe sugería enérgicamente que son las personas con las habilidades de liderazgo altamente desarrolladas las que pueden gestionar proyectos y programas con altos niveles de complejidad, con mayores probabilidades de éxito.

El informe continuaba diciendo que hoy en día, la maestría de las tradicionales dimensiones en la gestión de proyectos de coste, planificación y rendimiento sigue siendo necesaria aunque no es suficiente. Todo ello en un ambiente donde cada vez más, los proyectos se vuelven más complejos.

Hoy en día, los equipos de trabajo son más interculturales y descentralizados, intervienen leyes de diferentes países, existen múltiples socios y clientes, a la vez están involucradas varias compañías, etc., por lo que el liderazgo se considera como clave para afrontar la complejidad.

La importancia de las habilidades de liderazgo es, cada vez más, reconocida   públicamente. Aunque en el fondo no sabemos muy bien cuáles son esas habilidades, en qué consisten, cuántas son, si es que hay un número, ni cómo se aprenden.

No es algo sobre lo que tengamos suficiente desarrollo ni suficiente claridad. Nos suena y poco más.

El mundo cambia a gran velocidad

Vivimos en una época de grandes cambios que se producen a gran velocidad. Para tener éxito es necesario construir equipos con fuertes relaciones interpersonales. Hasta hace poco valía con conocer las tendencias y herramientas más novedosas para adaptarnos a un entorno cambiante. Sin embargo, esto ya no es suficiente. Ahora más que nunca se requiere del aprendizaje y práctica de habilidades de liderazgo que nos permitan posicionarnos en un nivel superior desde donde afrontar los proyectos.

Sencillamente las reglas del juego han cambiado. A pesar del enorme auge de las tecnologías, es ahora cuando más se necesita y más se demanda liderar a las personas. En una época en la que los cambios son tan rápidos que producen gran presión e incertidumbre sobre los equipos, ejercer el liderazgo es una necesidad como nunca antes había sucedido a la hora de tener éxito en el proyecto.

Es necesario proporcionar claridad cuando la tendencia apunta a proyectos cada vez más complejos.

Cuando muchos a nuestro alrededor se quedan paralizados es el momento de ser capaces de simplificar y centrarnos en lo que verdaderamente es importante. Saber extraer la claridad es esencial para obtener los mejores resultados.

> *"Todo el mundo quiere ser mejor que los demás, pero nadie se plantea ser hoy mejor de lo que era ayer."*

El líder

Como ves, del concepto de líder que aparece en el diccionario, al del líder que vamos identificando, va una gran distancia. Un líder inspira a los demás a alcanzar su mejor versión.

Nuestro líder es alguien que influye en otros con su conocimiento, actitud, experiencia, habilidades, etc. ayudando y sirviendo para alcanzar un objetivo común. Nuestro líder no tiene que ver con una autoridad otorgada por la empresa, el país o la religión, por citar algunos. Somos líderes cuando sobresalimos o cuando hacemos lo que nadie quiere hacer y servimos a una visión común. Nuestra imagen de líder de proyectos es la de aquel que hace que se puedan alcanzar resultados que nadie esperaba lograr.

Un líder no es quien se encuentra en la parte superior del organigrama de una organización. Habitualmente lo pensamos. Probablemente esa persona sea un director, consejero o directivo, pero no conlleva ser un líder. Serlo, no depende del desempeño de un puesto de trabajo concreto.

En lado opuesto del organigrama estarían aquellas personas que aun no estando arriba en el organigrama, tienen la capacidad de influir en los de arriba. Esa persona es un claro líder y no es porque el nombre de su puesto de trabajo lo diga o porque esté en puestos de administración. ¿Conoces ejemplos?

He conocido personas en la parte baja del organigrama de una organización con la capacidad de influir en el propietario de la compañía. Eran personas con tal capacidad de liderazgo que su opinión en realidad, contaba más que las personas que eran pagadas para gestionar apartados específicos en la empresa. Estas últimas gestionaban, no lideraban. Sin embargo, algunas personas de la parte baja del organigrama son auténticos líderes.

> *"La clave no está en eliminar las connotaciones negativas de un líder en las culturas latinas, sino en crear la positiva, la que es capaz de mejorar los resultados de todos."*

Conclusión

Es obligado desmitificar el concepto negativo de líder para conocer el significado del lugar al que queremos llegar. Sin duda un concepto mucho más determinante y profundo del que pensemos.

Desarrollando nuestras habilidades de liderazgo es la única manera de alcanzar nuestro máximo potencial en la gestión de proyectos. En el siguiente capítulo veremos con mayor detalle en qué consiste esa transición de jefe de proyectos a líder de proyectos.

"Las buenas ideas no son suficientes. Las buenas acciones sí. Las ideas en sí no son nada si no hay acción. Se requiere intencionalidad para alcanzar grandes resultados."

2

DE JEFE DE PROYECTO A
LÍDER DE PROYECTO

"El liderazgo es aquello que haces que propicia los mejores resultados de cada miembro del equipo y cuando ese logro se encuentra alineado con los objetivos de la compañía, eso es lo que llamo Liderazgo Intencional del Proyecto."

De jefe de proyectos a líder de proyectos

El día que comprendí el significado de pasar de jefe de proyectos a líder de proyectos mi vida comenzó a cambiar.

En nuestra cultura no solemos comprender el concepto en toda su extensión y, sin embargo, es una transformación determinante. Ya lo has empezado a conocer y verás que su comprensión y aplicación es capaz de cambiar resultados y personas.

La transición de jefe a líder es la de pasar de alguien que gestiona a alguien que lidera. Ese es el reto profesional más determinante a la hora de desarrollarte profesionalmente y obtener los mejores resultados en la gestión de proyectos. No es una cuestión de estudiar y ya está. Es una transición que lleva su tiempo. Hay que asimilar la actitud que se requiere, aprender los rasgos, interiorizarlos y practicarlos y siempre reflexionar sobre la práctica.

El equipo

La transformación se fundamenta en el trabajo en equipo y con el equipo. Es en el grupo donde el líder se muestra como un autentico director de orquesta. El equipo es lo más importante, incluso más que el cliente, pues este último viene después. Un mal equipo conseguirá un mal resultado y ya no habrá más clientes. El equipo consigue más clientes.

En un mundo donde el boca a boca es global y los resultados se propagan en segundos, no habrá más clientes si no hay un buen equipo que consiga buenos resultados.

Hoy más que nunca se requiere de una gran profesionalidad, en una época en la que se demanda calidad y que evoluciona a velocidad vertiginosa. Lo que hace unos años valía, hoy ya no sirve. Incluso lo de ayer se empieza a encontrar desfasado hoy. Sin embargo, hasta en este mundo tan cambiante encontramos algo inalterable, el liderazgo, que siempre ha sido y será la clave del éxito del proyecto.

Hace poco me contaban unos amigos que trabajan en la gestión de proyectos en el sector de las tecnologías de la información una interesante anécdota. A la vista de las decisiones que habitualmente tomaban los administradores de la empresa, daba la impresión que hacían todo lo posible por hundir su propia empresa. Sin embargo, gracias a la existencia de grandes y experimentados equipos en el área de la gestión de proyectos, la empresa continuaba siendo una exitosa multinacional.

Todos los grandes equipos tienen una única cosa en común. Disponen de una serie de habilidades de liderazgo que los hacen sobresalir. Cada uno de los miembros de esos equipos ejerce su particular liderazgo como líderes de su parcela. Si es tan determinante ¿por qué no aprender y desarrollar habilidades de liderazgo?

> *"Si no te planteas otra manera, ¿cómo prevés cambiar los resultados?"*

Líder

Solemos confundir líder/liderazgo con jefe/gestión. Solemos pensar que el término líder se adquiere con una posición dentro de una organización. Nuestro concepto líder no va de títulos en la empresa ni de puestos de trabajo concretos. Nuestro líder consiste en una serie de actitudes que se reflejan en un comportamiento que concluyen en unos resultados y logros que en muchas ocasiones no podrían haber sido conseguidos de otra manera.

Líderes puede haber en todos los niveles de cualquier empresa. Es cierto que algunos puestos de trabajo llevan el nombre de "líder de...", pero eso no los hace ser realmente líderes si en realidad su comportamiento es el de un responsable que gestiona personas. El verdadero puesto de líder te lo otorgan los miembros del equipo por la actitud que demuestras. Es un reconocimiento del equipo hacia a ti por tu actitud de líder.

Un jefe de proyectos es el responsable del proyecto y de la gente en la medida que se requiere del trabajo del equipo. En cambio un líder inspira a la gente a seguirle. La inspiración que siente el equipo no proviene de una obligación fruto de un contrato de trabajo, sino del resultado de una actitud que influye en los demás, de tal manera que te sienten como líder y te siguen.

Lo primero que se debe comprender es que un líder no gestiona personas, un líder lidera personas. Gestionamos cosas en general, tales como tareas, fechas, encargos, hitos, presupuestos, etc. Las personas no son recursos, son personas, por eso no se las puede gestionar como a las cosas. Las cosas no tienen alma, las personas sí y ahí está la gran diferencia. Tu actitud no influye en las cosas, tu actitud sí influye en las personas. Quien se empeña en gestionar personas consigue resultados mediocres.

Los jefes de proyectos sufren una tradicional carencia de habilidades de liderazgo. Un líder no es el que es más listo, un líder es quién saca lo mejor de las personas.

¿Son los líderes personas extrovertidas?

Los líderes no se miden por la cantidad de palabras, sino por el contenido de su mensaje. Un líder no tiene porqué ser el más gracioso ni tener don de palabra. Un líder no se basa en ser locuaz o expresivo, sino en una mentalidad y una actitud determinadas.

El liderazgo se asienta en la calidad de la conexión que estableces con los demás y no el tamaño de tu extroversión. De partida los extrovertidos comunican más, pero eso no es lo principal. Podemos comunicarnos con muchas personas y no conectar con ninguna. Es un arte que forma parte de las habilidades de liderazgo que iremos aprendiendo y entrenando.

Un líder ¿nace líder o se hace líder?

Si sólo pudiésemos ser líderes tras haber nacido líderes, al menos no tendríamos la necesidad de mejorar nuestras habilidades de liderazgo. De hecho nunca habríamos leído nada al respecto ni de la importancia de mejorar dichas habilidades.

Evidentemente hay unas pocas personas que nacen con la habilidad de liderar al igual que hay gente que nace con cualquier otra habilidad. Lo bueno es que podemos aprender a convertirnos en líderes desarrollando y asimilando habilidades de liderazgo y modificando, adaptando y enriqueciendo nuestro comportamiento.

> *"El equipo es quien te nombra líder como resultado de tu actitud y de tu estilo de liderazgo, no tu empresa."*

Las cualidades claves de un líder

1. Poseen un propósito

Aquello que motiva a un líder a hacer todo lo que hace, es el poseer un propósito para ello. No sólo saben lo que hacen o van a hacer, sino cómo lo hacen o lo van a hacer. Decimos tener un propósito cuando conocemos el por qué hacemos lo que hacemos. Esa es la clave. El saber el por qué, es fruto de la reflexión. Un líder practica la reflexión. Es lo que te hace decidir sí o no. Es saber si tiene o no tiene sentido y valor.

2. Son íntegros

Una persona se define como integra cuando tiene una serie de valores, que independientemente de las circunstancias, nunca se verán comprometidos. Cuando el equipo ve a un líder como alguien comprometido con lo que piensa, dice y hace y se mantiene fiel a ello en cualquier circunstancia, ese líder se gana la confianza.

3. Son auténticos

La autenticidad es la cualidad de una persona de mostrarse en un estado natural. Es alguien que no teme mostrar sus debilidades ni sus vulnerabilidades. Nadie es perfecto y un auténtico líder no lo oculta. Reconociendo cuando algo no se sabe los hace más cercanos.

4. Tienen gran confianza

Los proyectos son cada vez más complejos. En un mismo proyecto se entremezclan multitud de incertidumbres sobrevenidas de múltiples actores intervinientes. En ocasiones las cosas no funcionan como deberían. Es en esos momentos donde mostrar confianza en el equipo se vuelve fundamental. La calma y la tranquilidad son contagiosas. Generando un clima de confianza se consiguen mejores resultados. La desconfianza es sinónimo de fracaso y eso tiene graves consecuencias difíciles de revertir.

5. Son disciplinados

Todos sabemos de personas con grandes capacidades, pero algunas de ellas no tienen éxito. Sencillamente no son disciplinados. La liebre no tuvo disciplina, sin embargo, la tortuga sí la tuvo. Además quienes son disciplinados inspiran a otros a serlo. Les muestran el camino mediante el ejemplo. La disciplina es lo que te hace llegar más lejos que nadie. Cuando la mayoría no puede o abandona, la disciplina te empuja a lo extraordinario.

> *"Conseguir tu mejor resultado posible en el proyecto conlleva un gran cambio, conseguir los mismos resultados de siempre, conlleva dolor, sufrimiento y desesperación."*

Diferenciando un líder que lidera de un jefe de proyectos que gestiona

Hay varias diferencias entre gestionar un proyecto y liderar un proyecto, entre management y leadership, entre jefe y líder de proyecto.

Liderar consiste en una serie de comportamientos a la hora de afrontar un proyecto y particularmente a la hora de relacionarse con las personas afectadas por el proyecto. Entrando más en detalle identifico cuatro diferencias principales.

La primera es que un jefe de proyecto se limita a organizar personas, diciéndoles lo que deben hacer. Lo hacen basándose en la autoridad que les da su puesto. Es básicamente una relación basada en ejecutar tareas ordenadas. En cambio los líderes añaden el factor persona. Les inspiran, motivan y les otorgan una responsabilidad que cada persona del equipo ha entendido como propia y no como impuesta. Es así como cada miembro del equipo aporta su mejor versión, fruto de un clima especial como grupo y personal entre individuos. Más adelante aprenderás cómo se puede hacer todo esto.

La segunda es que los jefes de proyectos se centran en el presente. Esto les priva de tener una mayor visión. En cambio, los líderes no se olvidan de reflexionar sobre el futuro. ¿Dónde nos lleva lo que estamos haciendo hoy?, ¿por qué hacemos lo que hacemos? Además mantienen el inicio y el final del proyecto constantemente en mente. Ese enlace con el futuro les permite mantener una dirección clara, evitando perderse en los quehaceres de las tareas diarias. Esta visión aporta claridad en los momentos de indecisión.

La tercera es el enfoque. Los jefes de proyecto se centran en "hacer las cosas bien". Una vez que se define el proceso buscan ejecutarlo bien. ¿Entonces? Hacer las cosas bien, no quiere decir que se hagan aquellas cosas que son mejores hacer. Sencillamente quiere decir que aquellas que nos han ordenado, contratado o las que hemos creído convenientes, las hemos ejecutado bien. Sin embargo, no quiere decir que lo que hemos hecho, fuese lo mejor, a pesar de que nos lo hayan ordenado, contratado o lo hayamos decidido nosotros. Los líderes se cuestionan el proceso habitual para adaptarlo de la manera más adecuada a las especificidades de su proyecto. Es decir, los líderes se preocupan de hacer "las cosas que son correctas" que además son las que añaden valor.

La cuarta es que los líderes son intencionales. Para ello se requiere implementar la partícula interrogativa ¿por qué?, en todas las partes del proyecto. No vale con saber qué vamos a hacer y cómo lo vamos a hacer. Es necesario saber el por qué. Debemos averiguar el propósito y el valor que aporta. Es la manera de poner a prueba nuestras ideas. No se puede aportar valor si no sabemos ¿por qué hacemos lo que hacemos?, ¿por qué no hacemos esto otro?, ¿por qué es importante este proyecto para el cliente o para la empresa? El encontrar el propósito mediante el ¿por qué? nos permite completar una visión más profunda y como resultado se pueden exceder las expectativas del proyecto, algo que no es habitual. El ¿por qué?, nos permite poner a prueba todas nuestras acciones de manera que nos convertimos en intencionales.

Estas son sólo algunas de las muchas diferencias que hay entre "gestionar" y "liderar". La "gestión" es fundamental y el "liderazgo" es lo que marca la diferencia al posibilitar los mejores resultados posibles.

Rasgos de un líder

Entender la amplitud del concepto de liderazgo y de habilidades de liderazgo requiere de tiempo. Es un concepto con cierta complejidad por estar compuesto por otros muchos términos.

En muchas ocasiones el concepto de líder es más fácil sentirlo que describirlo con palabras. Para seguir favoreciendo la creación de una imagen a vista de pájaro, he creado este último apartado, que sin duda favorecerá la asimilación del concepto como paso previo a las claves que se describen en los próximos capítulos. Con él, trato de darte literalmente un fuerte empujón que te ayude en el cambio de mentalidad que supone pasar de jefe o técnico de proyectos a líder.

Veamos algunos de los rasgos que definen a un líder:

Un líder no se propone ser un líder sin más, sino alcanzar su máximo potencial y ayudar a los demás en su

crecimiento. Un líder está determinado a lograr los mejores resultados y entiende que la mejor manera es guiando a los demás a lograr sus más altas metas.

Un jefe de proyectos puede llevar a un buen equipo al fracaso. Si no hay un líder no hay equipo. Lo que habrá será un grupo de personas trabajando por lo mismo no un equipo motivado, inspirado y comprometido en los mejores resultados.

Un líder afronta cada día como la oportunidad de comenzar algo nuevo. Su confianza es tal que no temen al nuevo día. Sólo se puede mejorar hoy, ayer es imposible.

Un líder no busca ser mejor que los demás, busca ser mañana un poquito mejor de lo que es hoy. La comparación con los demás es una pérdida de tiempo y de energía y provoca el desenfoque del objetivo real. La única cima a la que subir es a la de ser hoy un poquito mejor de lo que eras ayer. No hay otra cumbre a la que ascender. Ese compromiso inspira a los demás. Hay hitos por lo que pasar pero no meta que alcanzar.

Los líderes están preparados para los momentos difíciles. No reniegan de esa responsabilidad ante la adversidad. Son proactivos, se anticipan. Su visión les permite prever gran parte de los momentos más duros y por ello están preparados. La seguridad que demuestran en esos momentos motiva una vez más al equipo a alcanzar el éxito.

Los jefes de proyectos usan la responsabilidad de cada miembro del equipo para asignarles la culpa. Un líder siente la responsabilidad del fracaso del equipo como suya propia. Un líder es el que orienta al equipo hacia el objetivo, es el máximo responsable y acepta esa responsabilidad, no la delega.

Los jefes de proyectos gestionan grupos de profesionales mientras que los líderes crean equipos. Los equipos están formados por personas y cada persona es única. Los líderes reconocen a cada persona como única y así la tratan. La valoran de forma especial atendiendo a su individualidad. Cuando un grupo funciona como un equipo los resultados son los mejores.

Los líderes se comprometen en el crecimiento de los miembros del equipo. Les ayudan a desarrollarse para ser también líderes. Se fijan en el potencial de cada persona, no en lo que son hoy. Un líder crea más líderes. Son conscientes que cuando ayudan a los demás en su crecimiento, más crecen ellos.

Los líderes reconocen los errores del equipo como parte del proceso del éxito. Son fases inherentes del gran proceso. Sin fallo no hay mejora y sin mejora no habrá siguientes éxitos.

Una habilidad fundamental en **todo líder es su capacidad para inspirar a los demás a soñar, crecer y alcanzar grandes cotas.** Se dice que si eres capaz de inspirar al equipo a alcanzar la luna probablemente este alcanzará las estrellas. Eso es inspirar.

Un líder no se olvida de ver lo positivo. Tienen una mentalidad positiva. No se pierden en el conflicto o en la complejidad y siempre extraen valor y una lección positiva.

Un líder no se olvida de escuchar. No sólo escuchan palabras, también escuchan la realidad. Tratan de entender tanto lo que se dice como lo que no se dice.

Los líderes demuestran valentía. Es habitual trabajar en un ambiente de gran incertidumbre. Sin embargo, la valentía transmite seguridad. A pesar de que en ocasiones sea necesario dar un paso atrás, la valentía se convierte en suficiente motivación para el equipo. Se da un paso atrás cuando es necesario tomar impulso o modificar la dirección. La valentía de un líder es un síntoma de consciente reflexión en el hoy y en el mañana para llegar a un exitoso final.

Un gran líder adora los grandes retos. Tienen la facilidad de ver la oportunidad en cualquier dificultad. Cuando sentimos que podemos crecer y desarrollarnos con los retos no se requiere de otra motivación adicional. La pregunta es ¿qué puedo aprender de este problema? y ¿cómo puedo sacar beneficio de este problema? Esa es la actitud. Y por último, es únicamente cuando existe un problema, cuando se puede hacer un milagro, no existe otra manera.

El liderazgo es un estado mental, es una filosofía materializada a través de una actitud en resultados. Es el paso más grande y determinante que cualquier profesional puede dar. Como toda filosofía, transciende lo profesional y convive en lo personal. Es un viaje que no termina. Siempre conlleva seguir aprendiendo y hacer que otros aprendan. Y eso es siempre un gran reto. Liderazgo y aprendizaje van siempre de la mano

Ganando claridad

Después de desterrar los significados negativos de líder, hemos comenzado a ganar claridad sobre el concepto de líder que queremos alcanzar. Como te habrás dado cuenta, no es tan simple como limitarnos a comprender una definición de líder. Implica desarrollar diversas habilidades, unas más importantes que otras. En ese camino hemos comenzado a esbozar ideas para ir entrando en materia e ir conformando una imagen más precisa y real.

Es el momento de pasar al detalle de aquellas claves que te convertirán en un líder de proyectos, dando un gran paso profesional en el camino hacia el desarrollo de tu máximo potencial.

El próximo capítulo, el número tres, desarrolla en siete subcapítulos las habilidades que marcan la diferencia en los resultados de cualquier proyecto. Serán las habilidades que deberás ir poniendo en práctica para desarrollar el líder que llevas dentro.

LAS 7 CLAVES EN EL DESARROLLO DE UN LÍDER DE PROYECTOS

"Liderar a un equipo consiste en inspirar a las personas a alcanzar su máximo potencial, para realizar el mejor trabajo y obtener los mejores resultados posibles en el desarrollo del proyecto."

Liderar conlleva un cambio de mentalidad

Para poder cambiar tu mentalidad tienes que aceptar que algunas cosas vas a tener que hacerlas de manera distinta. Acepta que no se puede mejorar cuando hacemos las cosas de la misma manera. Mantén la mente abierta. Pasar de trabajar duramente a hacerlo más eficazmente, no es un proceso de un día. Conlleva tiempo y perseverancia.

La transformación en un líder no es a través de una serie de pasos. Es a través del conocimiento de rasgos concretos, de la asimilación de ellos y de su práctica. Alcanzar tu máximo potencial, requiere del desarrollo de ciertos hábitos. ¿Has oído que para desarrollar un hábito son necesarios 21 días de práctica? Es una forma de hablar que quiere decir que cualquier hábito requiere de práctica y compromiso. Desde luego no se hace un líder en 21 días.

Los hábitos deben pasar a ser parte de ti uno tras otro. Todos te parecerán claros y sencillos. Y en realidad lo son, pero requieren del tiempo suficiente de práctica para que se conviertan en hábitos. Cuando los absorbas estarás en disposición de alcanzar tu máximo potencial. Para ello he reunido los siete hábitos en forma de siete claves que deberán pasar a formar parte de ti para que al final puedas emplearlos de forma natural. Entonces no serán fáciles ni difíciles porque serán parte de ti.

> *"El camino hacia Tu Máximo Potencial comienza con tu deseo de cambio, después tu acción y perseverancia te cambiarán para siempre."*

Te presento el esquema de las 7 Claves para el desarrollo de un líder de proyectos:

3.1

DISEÑANDO EL ESTILO DE UN LÍDER

"La humildad de un buen líder le lleva a reconocer que el éxito se sustenta en el equipo, no en su persona."

¿Cómo lideras el proyecto?

¿Tienes un estilo de liderazgo? Seguro que sí. ¿Cuál es?

Un líder es un gran facilitador. Se esfuerza en romper barreras y limar tensiones. Conoce a cada miembro del equipo más allá de lo que lo conoce un jefe de proyectos. Es alguien que facilita la vida a los demás implicados en el proyecto para que estos puedan desarrollar su máximo potencial. Va por delante de todos y sabe del poder de incluir a todos en el proyecto. Sabe que todos los miembros del equipo tienen mucho más que aportar de lo que incluso ellos mismos llegan a pensar.

Ejecutar tareas o liderar personas

Los jefes de proyectos, directores de proyectos, project managers o responsables con personas a su cargo solemos caer habitualmente en el mismo error. Venimos de una educación en la que se nos ha enseñado que el nivel académico lo es todo. Habitualmente nuestra formación es técnica. Somos metódicos y seguimos el protocolo a la perfección. Los procesos son nuestros mayores aliados. Nos dan el orden que nos permite controlar el proyecto.

Tenemos muy claras las tareas a realizar. Somos grandes profesionales en encontrar tareas necesarias y recónditas. No se nos escapa ninguna. Automáticamente comenzamos a hacer estimaciones de presupuesto y sobre todo de tiempo. Estas cualidades son importantísimas a la hora de gestionar un proyecto. Es cuestión de ganar experiencia y aprender algunas técnicas para afinar esas cualidades que nos permitan planear y ejecutar tareas con gran eficiencia.

El problema habitual es que no solemos considerar a las personas en el nivel que deberíamos. No intentamos liderar a las personas. Nos limitamos a organizar el proyecto, asignar tareas y ejecutar. Esto requiere menos esfuerzo al no tener que liderar personas y por tanto enfocarnos fundamentalmente en nuestro trabajo. Es cierto, pero entonces no podemos pensar en ser mejores y conseguir grandes resultados.

La formación académica y la práctica profesional nos han conformado como puramente racionales, lógicos y especialmente motivados por cómo ejecutar las tareas.

El estilo de esta manera de gestión recibe el nombre de "orientado a tareas" porque el enfoque es 100% en las tareas que tenemos que ejecutar. Es una gestión en la que nos centramos todo el tiempo en ellas y en la que nos convertimos en grandes ejecutores de tareas.

Sin embargo, el éxito del proyecto no depende exclusivamente de las tareas que son necesarias ejecutar. En realidad la mayor parte del éxito del proyecto tiene que ver con las personas involucradas en el proyecto y especialmente con los miembros del equipo, los cuales son su mayor valor.

El resultado de tu "gestión de las cosas" no depende específicamente de tu liderazgo. Sin embargo, los resultados con las personas sí dependen de tu liderazgo. El resultado final no es el de una persona, ni es el de un líder, sino el de un equipo. Las "cosas" están a nuestra disposición para ser "gestionadas".

Es cierto que eres bueno gestionando proyectos. Es decir, produces productos y servicios de manera habitual, en tiempo, presupuesto y con la calidad requerida. Tienes tus propios métodos y procesos y alcanzas los objetivos. La buena gestión de los proyectos es esencial para toda organización.

Sólo cuando construimos relaciones de confianza podemos liderar el proyecto. Dejamos de ser meros ejecutores de tareas. Pasamos a entender a las personas del equipo de trabajo, sus fortalezas, sus preferencias y sus necesidades.

No me malinterpretes. No quiero decir que abandones tus esfuerzos enfocados en las tareas, sino que combines el enfoque en tareas con el enfoque en las personas. Una buena gestión que incorpore el uso de buenas técnicas y herramientas resulta obligada para hacer un buen trabajo. Así que si te preguntas ¿tareas o personas?, la respuesta es tareas y personas. Es el estilo que combina el enfoque a tareas y el enfoque a personas el que produce los mejores resultados posibles.

Lo fácil y rápido es gestionar personas. Lo difícil es liderar personas. Sin embargo, si sigues gestionando personas después de algún tiempo es porque no estás mejorando ni lo harás y tu moral y resultados tarde o temprano se verán afectados. Debes aprender a liderar personas y para ello debes pasar de simple jefe/responsable a un líder.

La buena gestión del proyecto se basa en la existencia de un buen sistema de procesos y procedimientos organizados. Y que no te quepa duda, sin buena gestión (management) no será suficiente con un buen liderazgo (leadership). Debe haber una buena gestión y un buen liderazgo. Es así como se producen los mejores resultados posibles del proyecto.

> *"Liderar no se fundamenta en ordenar, sino en inspirar."*

Enfoque a personas

En serio, ¿cuántas veces te has dicho "yo no he estudiado psicología y a veces mi trabajo conlleva más psicología que otra cosa"? Es verdad. La clave de un líder se asienta en las personas por lo que existe un alto grado de componente "personas" y por tanto gran dosis de psicología.

Se trata de incorporar el enfoque a las personas a nuestra manera habitual de trabajar. Para ello es necesario tener encuentros con el equipo y especialmente con cada una de las personas del equipo. ¿Sabes en lo que más le gusta trabajar a cada miembro del equipo?, ¿conoces cuáles son las fortalezas de cada uno?, ¿qué saben que tu deberías saber pero nadie te ha dicho para mejorar la relación y los resultados? Si sabes lo que más le motiva a cada persona y conoces sus fortalezas podrás encontrar dónde estos pueden resultar más eficaces. Así cuando seas capaz de ubicar a cada miembro en el lugar de su máximo rendimiento es cuando comenzarás a tener un gran equipo.

Mientras no trates a los miembros del equipo como personas estos no te otorgarán el título de líder y como resultado estarás "gestionando personas". Los resultados te aseguro que no serán los mismos. A medio-largo plazo tu equipo perderá motivación, se cansará y quizá incluso algunos te abandonen. La gente no deja un puesto por lo que se les pide hacer, lo dejan principalmente por las capacidades de liderazgo de la persona al mando.

Otras consideraciones muy importantes son saber qué es aquello que más valora cada persona del equipo en términos de flexibilidad laboral, dinero, premios y otras que te resultarán sorprendentes cuando las conozcas y todas ellas te servirán para motivarlos.

De esta manera dejarás de ser "el jefe" a secas. Dejarás de decir únicamente qué es lo que tiene que hacer cada miembro del equipo según tu conveniencia o de manera aleatoria. El equipo advertirá que tus decisiones son mejor sopesadas, que la especificidad de cada individuo ha sido tenida en cuenta al incluir factores que favorezcan el buen hacer y desarrollo de cada uno y en definitiva que piensas en ellos.

En este capítulo conocerás las características del estilo orientado a personas y cómo aplicar el estilo. Será en el siguiente Capítulo, el 3.2, donde aprenderás cómo conocer a las personas implicadas en el proyecto para aplicar el estilo orientado a personas.

"Ninguno de nosotros es tan listo como todos nosotros."
- Ken Blanchard

Más allá del equipo

En los proyectos hay cada vez más personas implicadas. Es creciente el número de personas, empresas, clientes y patrocinadores que participan de un modo más o menos activo. Lo habitual es que tratemos de invertir el menor tiempo posible con ellos. Buscamos volver a nuestras tareas, las cuales suponían el 100% de nuestro enfoque. Dicho de otra manera, al tradicional "estilo orientado a tareas".

Sin embargo, nuestro nuevo "estilo de orientación a personas" debe ser aplicado tanto a los miembros del equipo como a todas aquellas personas que tienen un mayor o menor grado de implicación en el proyecto.

Nuestro nivel de relación con el resto de implicados en el proyecto suele consistir en presentarles resultados. Estados de situación del proyecto. Es un nivel demasiado básico. Se basa en la ejecución de un proyecto pura y llanamente. Pero ¿sabes cómo afectará la ejecución del proyecto al cliente?, ¿por qué es importante el proyecto para el patrocinador?, ¿cuál es la parte más importante del proyecto para ellos? o ¿cuáles son sus preocupaciones al respecto?

Este enfoque en las personas nos lleva a la creación de nuevas relaciones basadas en la confianza. Entre otras ventajas, se rebaja la tradicional barrera que existe por el simple hecho de la posición en el que cada uno se encuentra durante el proyecto. Se tiende más a la consideración y creación de un gran equipo, cada uno con sus responsabilidades, cierto, pero a otra forma en la que el aporte e implicación de cada persona pueda mejorar los resultados esperados.

Apoyas o retas

¿Te lo has preguntado antes? ¿Sueles intentar motivar al equipo ofreciéndoles retos o dándoles apoyo? ¿Sueles decir "a ver si eres capaz de ..."? o "ánimo estoy contigo". Todo miembro de un equipo debe sentir que contribuye al proyecto. La necesidad de sentir que tu trabajo importa es una necesidad humana. Para conseguir los mejores resultados es necesario saber cuáles son los niveles de apoyo y reto que requiere cada persona en cada momento.

El nivel de apoyo o reto se basa en conocer a cada persona. Nuestra mejor decisión deberá pasar por una escucha consciente para poder aportar a cada persona exactamente lo que necesite en cada momento. En ocasiones lo más oportuno será apoyar, en otras retar y en otras la combinación de ambas.

Apoyar

¡Estoy contigo!, ¡seguro que lo consigues!, ¡ánimo!, ¡mucha suerte! Vale, eso podría ser apoyar, pero más bien parece animar en una carrera. Los efectos de este tipo de apoyo, sobre todo en los momentos más difíciles de un proyecto, duran a lo sumo dos días. Pasado ese tiempo olvídate de apoyar así porque ya no funcionará. Hay otras maneras más eficaces de apoyar. Te describo algunos ejemplos:

- Cualquier tarea bien realizada es un excelente momento para apoyar reconociendo el valor del trabajo bien realizado. El elogio oportuno y merecido es siempre bien recibido y crea buenas sensaciones.

- Hablar de cualquier tema que pueda interesar es una gran oportunidad para crear un buen ambiente.

- Orientar, no obligar, hacia distintas posibilidades a la hora de tomar decisiones y en general ofrecer ayuda, sirve de gran apoyo y estímulo.

- Ante tareas totalmente nuevas, el ayudar a crear el proceso y por tanto el orden de trabajo.

- Hablar sobre las dificultades que los demás encuentran mostrando empatía ayuda a demostrar cercanía y comprensión.

- Simplemente demostrando que eres una persona cercana, abierta y dispuesta a ayudar.

- Cuando muestras tus vulnerabilidades a los demás, ya sean tus puntos débiles o la propia incertidumbre existente en determinados aspectos del proyecto, creas un ambiente de equipo más humano.

- Cuando preguntas por ideas, temores, formas de mejora del proyecto y de la persona, haces comprender la importancia que cada persona tiene en el resultado final.

Retar

Se puede retar de variadas maneras. Te propongo unas cuantas:

- Limitando el número de instrucciones y dejando otras a decisión de quién va a realizar las tareas, supone un reto estimulante. Con el necesario apoyo, haciendo ver que estarás para ayudar en cualquier momento, resulta en una práctica muy poderosa.

- Dar feed-back es una interesantísima técnica de ayuda a la mejora. Es importante tratar de tener tacto a la hora de darlo y de entender que es en beneficio del que lo recibe. Es decir, no se debe seguir la vía de "haces mal esto", en su lugar se debe tener la mentalidad de "lo has hecho bien aquí y aquí (ser específicos) e incluso podrías mejorar aplicando esto otro". Cierto es que no estamos habituados a dar feed-back y un mal entendido resultaría negativo. De manera más fácil se puede animar a ejecutar tareas de manera diferente.

- Invitando a los demás a resolver problemas difíciles siempre es tentador y refuerza la confianza con los demás al incluirlos en situaciones relevantes.

- Ofrecer lidiar con una tarea que habitualmente nadie quiere puede resultar algo atractivo. Un cliente o proyecto especialmente complicado puede resultar efectivo.

- Dar libertad en la toma de decisiones impulsa a las personas a seguir creciendo.

- Afrontar tipos de trabajos en los que no se tiene experiencia alienta a demostrar la valía y estimula a afrontar el reto.

Cuándo ofrecer apoyo y cuándo ofrecer un reto

Como líder, a la hora de retar, tienes que delegar y dar oportunidades a todos de manera que puedan crecer aprendiendo cosas nuevas. A la vez ofreciendo apoyo sirve para construir un buen ambiente de trabajo, dotando de la seguridad y de la confianza que el equipo necesita. Para ello debes decidir qué es lo que necesita el equipo o incluso cada persona. Es necesario conocer el nivel de reto y apoyo que mejor se adapta a cada situación. Veamos:

Reto y apoyo leve o inexistente: En ocasiones no hace falta ni retar ni apoyar. Sin embargo, si esta es la tónica habitual acabará reinando la apatía.

Reto leve o inexistente y apoyo grande: Especialmente interesante cuando se unen al grupo nuevos miembros o alguien adquiere un nuevo rol dentro del grupo.

Apoyo bajo o inexistente y reto grande: Es el estilo habitual con aquellas personas que tienen gran experiencia. No es necesario darles demasiada información ni dirección pues tienen la capacidad de realizar la tarea con éxito a su manera. No obstante, no debe emplearse este estilo siempre con las mismas personas, pues puede llevarlas a situaciones continuas de estrés. El reto continuado puede resultar una pesadilla.

Apoyo y reto grandes: Se aplica en aquellas situaciones en las que se requiere alto rendimiento. Habitualmente ante proyectos nuevos en los que se tiene poca experiencia, en los que han sido marcados como claves en el desarrollo de la empresa o para aquellos que se llevan a cabo con un cliente muy especial.

El líder del proyecto debe hacer mayor uso del reto y apoyo. La clave está en comprender lo que necesita el equipo como conjunto y las personas como individuos en cada momento para proporcionar lo más conveniente del modo mejor según hemos visto. Es la necesidad de aplicar aquello que nos aporte el equilibrio entre la situación y la necesidad en cada momento. Un líder se adapta a lo más oportuno, no usa siempre la misma regla.

El apoyo es fundamental, aunque el reto es lo que deberemos buscar cuando existe confianza. El reto permite que cualquier persona demuestre su valía a la vez que crece hacia su máximo potencial. Cuando no tengas claro cómo, siéntate cara a cara con cada persona, pregunta y averigua qué es aquello que más le motiva para ayudarle a crecer profesionalmente.

Estados continuos en el balance reto-apoyo

Cuando aplicamos continuamente el mismo balance de reto-apoyo puede resultar contraproducente como se puede ver en la siguiente Matriz Reto-Apoyo.

NIVEL DE APOYO ALTO

ZONA DE CONFORT. Cultura de la comodidad y la desconfianza	**CRECIMIENTO.** Cultura del empoderamiento y la oportunidad
APATÍA. Cultura de la apatía y baja expectación	**ESTRÉS.** Cultura del miedo y la manipulación.

NIVEL DE RETO BAJO — NIVEL DE RETO ALTO

NIVEL DE APOYO BAJO

Prolongados estados producen los siguientes efectos:

- **Nivel de apoyo alto y reto bajo**: Estancamiento, desconfianza, exceso de comodidad y protección. "¿No confían en mí? No me siento realizado."

- **Nivel de apoyo y reto bajos**: Indiferencia, poca expectación, carencia de progresión y baja determinación. "¿Por qué molestarse? Estoy infravalorado y aburrido."

- **Nivel de apoyo bajo y reto alto**: Sensación de impotencia y ansiedad. "¿Cuándo se va a terminar esto? Me siento desalentado."

- **Nivel de apoyo y reto altos**: Aprendizaje continuo, innovación, desarrollo y crecimiento, abierto al cambio. "¿Cuándo comenzamos? Me siento valorado." Sin embargo, también resulta necesario combinarse con otros estados para no crear estrés o demasiada repetición.

> *"No pienses qué es lo que no funciona en tu estilo de liderazgo, piensa en lo que vas a hacer para que funcione."*

Encuentra el equilibrio

Como ves, no se debe aplicar un mismo balance de forma continua. Incluso en ocasiones se debe descansar de un continuo "apoyo y reto altos". De vez en cuando hay que recargar las pilas para volver a afrontar retos grandes.

Cada vez más, los jefes y técnicos de proyectos nos encontramos más y mejor formados. Como resultado resultamos más eficientes técnicamente. Sin embargo los resultados no mejoran como deberían.

Es necesario añadir el componente humano del equipo. Incluso no todas las personas se motivan con retos. Hay personas que no quieren retos, sabiéndolo podremos extraer lo mejor de su trabajo.

Conocer y aplicar la dosis de reto y apoyo a cada persona nos hace a todos mucho más efectivos. Cada uno hace aquello que más le conviene y hará mejor en ese específico momento.

La manera es buscando priorizar al individuo por encima de las tareas. Esto se hace conociendo y comprendiendo a cada persona. No hay otra mejor manera que invertir tiempo, alejado de las tareas del proyecto y comprender sus motivaciones. Las veremos en el siguiente Capítulo.

Un caso especial y problema habitual

Como ideas generales, a aquellas personas que estén motivadas se les deben ofrecer retos. Si a esas personas les falta conocimiento será oportuno darles formación.

Ahora bien, son con aquellas personas que no están motivadas con las que habrá que trabajar especialmente en conocer cuáles son sus motivaciones o si la falta de motivación atiende incluso a cuestiones personales. Paralelamente se les debe apoyar y hacerles sentir su valía.

Especial atención deberán tener aquellas personas que se detectan que no saben técnicamente lo suficiente ni quieren saber. Se debe controlar su trabajo muy de cerca, aunque la sensación que se debe dar es de apoyo. A la vez establecer pequeñas metas que sirvan de pequeños retos ayudará a descubrir si podemos superar esta particular situación. Con el tiempo se les podrá ir ofreciendo retos mayores. Es un verdadero trabajo hecho a medida para ir ofreciendo apoyo y reto. Incluso la presentación de una visión del proyecto clara e inspiradora, como veremos en el Capítulo 3.3, puede ayudar a dar un enfoque diferente, motivador y de gran valor a estas personas.

De manager Reactivo a manager Proactivo

¿Eres de las personas que están continuamente apagando fuegos? Toda persona involucrada en proyectos ha tenido alguna vez complejo de bombero. Eso es ser Reactivo, cuando respondemos a una situación que no había sido anticipada y por tanto reaccionamos después de que haya ocurrido. No es posible anticiparnos a todas las situaciones por lo que no podemos dejar de ser Reactivos al 100%. Sin embargo, en muchas ocasiones sí podemos anticiparnos a posibles problemas y oportunidades.

Esta manera de trabajar previniendo y planeando posibles problemas y oportunidades es una actitud Proactiva. De este modo, la previsión nos permite lidiar con las variaciones del proyecto o los problemas de una manera mucho más efectiva.

Por qué somos Reactivos

Básicamente por dos motivos:

- Porque nuestra empresa, el cliente o cualquier persona con poder para tomar decisiones, han tomado una decisión inesperada. Poco podemos hacer para anticiparnos en este caso y de forma obligada tenemos que ser Reactivos.

- Porque es nuestro modus operandi. No nos estamos anticipando. En demasiados momentos actuamos según se suceden los acontecimientos. Obligados. Tenemos la sensación de estar trabajando duramente. Lo cierto es que por falta de previsión estamos trabajando en tareas que resultan urgentes, pero que probablemente no son ni siquiera importantes y que además no son fundamentales para el éxito del proyecto. Esto nos ocurre porque no tenemos desarrollada suficientemente la cualidad de prever y de anticiparnos. Si es tu caso, ya no tienes excusas para no desarrollar esa capacidad de prever.

Implicaciones del estilo Reactivo

Tener que atender tareas urgentes es inevitable y normal pero, no debe convertirse en nuestro patrón de trabajo. No debe suceder más que en ocasiones puntuales y cortos espacios de tiempo. El estilo Reactivo se caracteriza porque tiene un tiempo de maniobra muy limitado. Las implicaciones pueden ser más serias de lo que podemos imaginar:

- Cuando vamos de fuego en fuego se genera una situación de estrés sostenido y todo tiene un límite para ti y también para el equipo.

- Encontrar la mejor solución es muy difícil cuando no tenemos tiempo para encontrar la mejor respuesta. Operamos en un nivel de valoración muy superficial dada la urgencia.

- El andar cambiando de tareas a los miembros del equipo puede llegar a ser frustrante, además de perder el tiempo habitual que se produce al cambiar e iniciar una nueva tarea.

- La calidad del trabajo se ve afectada. Los cambios de tareas, el poco tiempo para diseñar una respuesta efectiva y la incertidumbre en el equipo serán contratiempos suficientemente importantes como para afectar al éxito del proyecto.

Cómo conseguir un estilo Proactivo

A continuación te presento una serie de consejos que te ayudarán a ser Proactivo:

- Prevé todas las tareas. Planifica con antelación y pon fecha a todas las tareas.

- Piensa y planifica especialmente los riesgos. Los imprevistos suelen conducirnos a ser Reactivos. Considera los riesgos.

- Planifica con colchones de seguridad.

- Medita como ser más eficaz en tus tareas. Algunas pueden ser automatizadas.

- Trata de trabajar en las tareas cuando son "importantes de ejecutar" en lugar de cuando son "urgentes de ejecutar".

- No pierdas el tiempo en tareas innecesarias. Son tareas que te mantienen ocupado pero te impiden ser eficaz. Trabaja en las tareas necesarias que son aquellas que aportan valor al proyecto.

- Se honesto, no busques excusas y anticípate.

- Transmite al equipo la importancia de ser proactivos.

Procrastinar limita nuestra capacidad de Reacción

Ya hemos visto como el no anticiparnos a posibles contratiempos y oportunidades afecta dramáticamente en los resultados del proyecto y aún así, los resultados pueden ser incluso peores si además procrastinamos.

Procrastinar consiste en retrasar el cumplimiento de una obligación. La forma más habitual de procrastinación es la conocida como "Síndrome del estudiante", introducida por Eliyahu M. Goldratt. Se produce cuando únicamente nos dedicamos con decisión a una tarea sólo cuando se acerca la fecha de entrega. De ese modo trabajamos a última hora y contra reloj. Esto nos deja sin tiempo de reacción ante cualquier imprevisto. No es por tanto un error de planificación en sí, sino "procrastinar", retrasar el comienzo de una tarea hasta que resulta urgente.

Veamos la siguiente explicación gráfica sobre lo que deberíamos hacer en la teoría y lo que hacemos en la práctica. En la primera imagen vemos que la tarea se empieza y termina en su tiempo, sin haber consumido el colchón de seguridad contemplado para imprevistos. Esta actitud nos proporciona tiempo de reacción incluso aunque no tuviésemos prevista la aparición del imprevisto.

En cambio, en la segunda imagen se ve como la tarea no la comenzamos cuando deberíamos. El resultado es que consumimos el colchón de seguridad y comenzamos a trabajar en el límite en el que la tarea puede ser finalizada. Esto, ante cualquier demanda imprevista, limitará nuestra capacidad de reacción. Además, nos hará trabajar con presión extra, al no disponer del tiempo necesario para pensar ni implementar la oportuna actuación.

La teoría

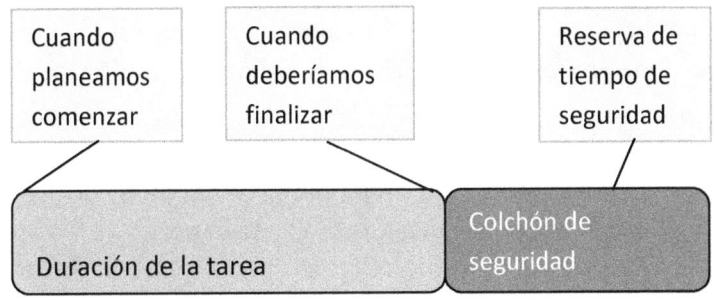

La práctica

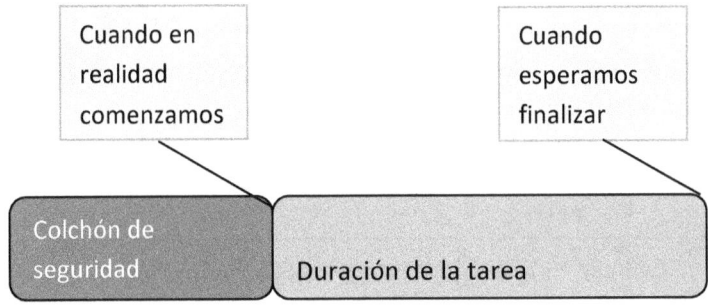

No obstante, no siempre disponemos de un colchón de seguridad que nos permita reaccionar con el tiempo necesario. En cualquier caso la mejor opción es anticiparnos a los imprevistos, planear en consonancia y nunca procrastinar. El equipo gana en confianza cuando tiene planes previstos con antelación, ante la posible aparición de esos imprevistos. Esto ayuda a trabajar en un ambiente de menor estrés y seguridad ante cualquier eventualidad.

En resumen

Se requiere un estilo no sólo orientado a tareas, sino también a personas para crear un equipo. Las personas no se gestionan, se lideran. Los proyectos y las tareas son los que se gestionan. Es necesario conocer a los miembros del equipo para ofrecerles reto y/o apoyo específico a cada miembro y dependientemente del momento. Balances de reto-apoyo constantes no son convenientes, siempre hay que buscar el equilibrio.

Debemos anticiparnos a cualquier contratiempo siendo proactivos, para evitar estados de urgencia que perjudican la productividad, los resultados y el ambiente. Se debe huir de un estilo por naturaleza reactivo. Procrastinar nos deja sin una reacción con garantías ante posibles eventualidades, lo que perjudica los resultados del proyecto a corto plazo y perjudica el clima de trabajo del equipo a medio y largo plazo.

Las 4 claves del estilo de un líder de proyectos son:

1 Aplican estilo orientado a tareas y a las personas.

2 Combinan reto-apoyo según necesidad.

3 Son Proactivos en lugar de Reactivos.

4 Evitan la Procrastinación.

En el capítulo siguiente veremos cómo conocer a las personas implicadas en el proyecto para aplicar el estilo orientado a personas.

CONOCE LA HISTORIA DE CADA PERSONA

"La verdadera dimensión de un líder no se encuentra en su conocimiento, sino en el desarrollo que produce en los demás."

Personas

Implementar en nuestro día un estilo orientado a las personas es lo que comienza a separar un líder de un jefe. ¿No crees que aquel líder que estimula a los demás a ser conscientes del verdadero potencial que pueden desarrollar es aquel con el que todos quieren trabajar?

Liderar está inevitablemente unido a las personas. El liderazgo consiste en hacer a los demás mejores, inspirarlos a desarrollar una acción de valor, mostrar el camino a los demás, guiar al equipo hacia el éxito de cada miembro y del grupo. Liderar implica personas.

Individuo

Cada miembro del equipo es diferente. Cada implicado en el proyecto es diferente. Cada individuo tiene sus expectativas, experiencias, bagaje y creencias. Un gran líder es capaz de entender la especificidad que aporta cada persona y hace el mejor uso de ello. Con "el mejor uso" se considera no sólo lo mejor para beneficio del proyecto, sino también para el desarrollo del potencial de cada persona.

No hay nada más inspirador que trabajar en un ambiente que te motiva en tu crecimiento y desarrollo y concluye en la obtención de buenos resultados.

Un líder es quien consigue llevar a todos juntos haciendo uso de las capacidades individuales. Para conseguir los mejores resultados es necesario conocer "la historia de cada persona".

Cuanto más conozcas y comprendas a cada persona mejor ambiente de trabajo podrás construir, más posibilidades tendrás de alinear el desarrollo de la persona con las necesidades del proyecto y mejor uso de las competencias de cada uno podrás hacer.

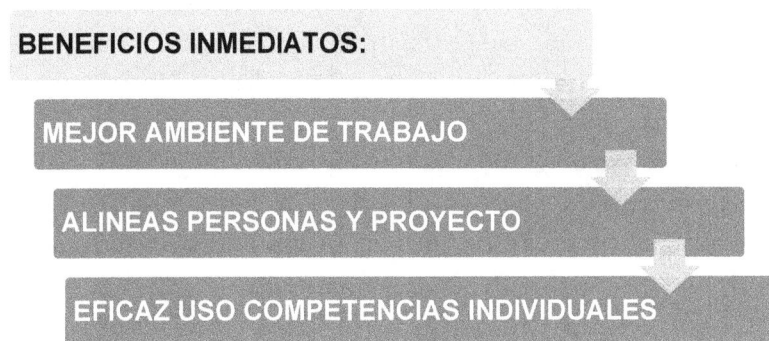

Cuando dedicamos un tiempo a centrarnos en cada persona del equipo y en los interesados en el proyecto no sólo encontramos las respuestas que estamos buscando, sino la clave para mantener relaciones duraderas y de confianza.

La relación comienza antes de empezar a trabajar en el proyecto

Las personas que tienen otras a su cargo suelen cometer el error de ponerlas a trabajar antes de haber desarrollado una relación de valor con ellas. La causa suele ser una mezcla de "siempre se ha hecho así", de hábito desarrollado y de búsqueda de la eficacia del proyecto. En cualquier caso, no nos lo planteamos de otra manera y por ello sentimos la necesidad de comenzar a trabajar con inmediatez.

Un líder sabe que el establecer relaciones con cada persona es la clave del éxito del trabajo como equipo. Es así, como después puede aportar a cada persona un valor por el que sientan motivación. Un líder es un verdadero sirviente. Ayuda a los demás a superarse en el desarrollo de su trabajo durante la ejecución del proyecto y alimenta sus deseos de alcanzar el máximo potencial. El líder encuentra su premio no sólo al conseguir que un grupo arranque un proyecto y el resultado sea exitoso, también cuando ve que ha ayudado a cada persona a avanzar un poquito más lejos en su camino hacia alcanzar su máximo potencial.

En el capítulo anterior aprendimos la importancia de aplicar el equilibrio necesario a cada persona y cada momento entre reto y/o apoyo. Para ello deberemos primeramente conocer más sobre cada persona. Esto se consigue teniendo encuentros cara a cara con cada una para conocer y entender lo que más le gusta e interesa del trabajo y encontrar aquellos propósitos que muchas veces se encuentran semienterrados en el interior de cada persona. Es ayudando a cada uno como se crea un ambiente inspirador. Es así como se construye verdaderas relaciones de confianza y se conecta.

> *La mayoría creen que "estar ocupados" haciendo lo que sea, es más importante que conocer a las personas que podrían marcar la diferencia en el proyecto".*

La historia de cada persona

La mejor forma que he encontrado para conocer a una persona ha sido interesándome por su ámbito "personal-profesional". Nos ayudarán las preguntas que nos hagan entender quién es esa persona fuera del trabajo de modo que conozcamos a la verdadera persona y no al trabajador que realiza tareas.

Preguntas como ¿qué te gusta hacer fuera del trabajo?, ¿qué te gustaría hacer que aún no has hecho? o ¿qué te gustaría haber hecho y crees que nunca harás?, nos pueden mostrar pistas sobre fortalezas ocultas y verdaderas motivaciones que pueden encontrar su aplicación en el trabajo diario. Este tipo de preguntas sirven para crear una base sólida porque indican a la otra persona que importa.

Después de ese ámbito "personal" se puede pasar al "personal profesional". Para que un líder pueda ser tal, ayudando a los demás a desarrollarse es necesario saber ¿qué es lo que le gusta a cada persona de su trabajo?, ¿qué es lo que le gustaría hacer?, ¿qué le gustaría aprender?, ¿qué le gustaría hacer o haber alcanzado dentro de 3-5 años?

El tercer paso es en el ámbito "su visión del trabajo". Todo empleado tiene una opinión sobre lo bueno y lo malo de su trabajo, el proyecto y la empresa. Esto es una gran fuente de información y de potencial valor de mejora. En muchas ocasiones, ese feedback se convierte en mejoras en los resultados de los proyectos y de la empresa. Pero no sólo por las ideas o la precisión de los datos, sino porque al hacer entender a las personas que pueden añadir un valor reconocido por la empresa, su actitud y motivación se ven impulsadas. Preguntas del tipo ¿cómo podemos mejorar?, ¿qué no hacemos que deberíamos hacer?, ¿qué crees que hacen los demás mejor que nosotros?, ¿qué crees que valora más nuestro cliente?, pueden darnos una nueva dimensión.

Demostrando gran interés por la otra persona es como podremos alinear la persona, el profesional y el proyecto desde una gran confianza.

¿Conoces otra mejor manera de comenzar a trabajar que desde la base de la confianza? ¿Eres consciente de que de esta manera estarás estimulando a los demás a alcanzar su potencial?. Estarás sintonizando con las personas porque estás evidenciando que quieres conectarlos con sus fortalezas y eso es preocuparte por lo demás. Algo a lo que nadie está acostumbrado porque no suele suceder. Este es uno de los primeros pasos para convertirte en un líder.

> *"Desde el momento en el que te interesas por la historia de otra persona, abres la puerta a una nueva oportunidad."*

Construyendo un gran valor en el equipo y en la empresa

Un líder lo es porque siempre tiene en mente a las personas como seres humanos mientras están trabajando en el desarrollo de un producto o servicio. No se olvidan de hacerles ver que son importantes para el equipo. La mejor manera es siendo específicos y relevantes para la vida de cada persona, haciéndola sentirse valorada.

Los mejores rendimientos en cualquier empresa se consiguen preocupándose por las personas. La naturaleza humana mueve a las personas a desear ser participes de proyectos relevantes. Este es el gran valor sobre el que las empresas deben asentar sus políticas, sobre las personas, porque son estas las que después les devolverán grandes resultados.

Para toda persona, la persona más importante del mundo es ella misma. Muy pocas son las que se preocupan por la vida de cada uno de nosotros. Así que, cualquier persona que se encuentre con otra que se preocupa por ella pondrá todas las facilidades del mundo en crear una alianza para alcanzar su máximo potencial y los mejores resultados para el proyecto y para la empresa.

Mi experiencia más especial

Llevaba unos cinco años trabajando en la gestión de proyectos. Bueno, eso de que la experiencia es un grado es cierto. La gestión de los proyectos me resultaba bastante más sencilla que al principio. Era consciente de cómo conseguir más con menos. De cómo reconociendo lo importe y centrándome en ese trabajo, evitaba estar constantemente ocupado y podía ser más eficaz. Tenía más tiempo para reflexionar en el proyecto desde diferentes perspectivas, de autoevaluar mis acciones, de implementar nuevas ideas….

En este escenario de seguridad fue donde asistí a una de las lecciones más importantes. Experimenté una forma natural de sintonizar, simpatizar y congeniar con mis compañeros de trabajo, que derivó en un entorno de trabajo muy especial. Una vez más, no fue hasta varios años después, cuando a través de la reflexión pude comprender en mayor amplitud una de las mejores lecciones de mi vida.

Alguien dijo una vez que "un equipo es un estado de ánimo" y cuando se trata de conseguir grandes resultados, el llegar a conocer "la historia de cada persona" es un paso fundamental.

La manera fue a través de formular algunas de las que ahora denomino "grandes preguntas". Son preguntas, que si son formuladas de manera natural, demostrando verdadero interés, son capaces de crear una fuerte sintonía. Todavía no las tenía muy desarrolladas y sin embargo dieron un gran resultado.

¿Qué preguntas hice en aquella inolvidable experiencia y que te recomiendo que hagas para facilitar el entendimiento en el equipo?

- ¿Por qué te dedicas a lo que te dedicas?

- ¿Qué te motiva en el trabajo cuando te levantas por la mañana,…?

- ¿Qué es lo que esperas de este proyecto?

- ¿Cómo podemos mejorar la relación de trabajo en el equipo?

- ¿Qué es lo que más/menos te gusta de tu trabajo?

- ¿Qué ambiciones tienes en la vida? y ¿qué es lo que motiva esas ambiciones?

- ¿Qué lamentarías no haber hecho en tu vida?

- Si pudieses, ¿qué es lo que cambiarías en tu vida?

En nuestra cultura estas preguntas resultan chocantes. Nos resistimos a pensar en ellas y por tanto a obtener una contestación completa. No obstante, si persistes, acabarás estimulando a conseguir mejores respuestas. Al ayudarles a comprender su ¿por qué? y verbalizarlo, ayudas a que cada persona renueve su compromiso con su misión, con su trabajo, con sus sueños. Así les ayudas a refrescar el "por qué se levantan cada mañana, qué es lo que les mueve,...." y recargarás la batería que quizá ya tenían a media carga. Así fue como conociendo "la historia de cada persona", descubrí que no sólo se fortalecen los vínculos en el equipo y sus resultados, sino que además ayudas a extraer valor a cada persona.

El hacer sentir a las personas "tú importas" tiene su premio. Cuando conoces la historia de cada persona te estás interesando por ella. Toda persona que sienta "que importa" se estimulará hacia su máximo potencial y lo pondrá al servicio del equipo. Cuando conozcas a la persona podrás alinear sus fortalezas con el proyecto y obtendréis los mejores resultados. Relación, fortalezas y resultados.

El valor inesperado a raíz de en mi experiencia más especial

Fueron varios años después, cuando recordando aquella agradable e instructiva experiencia aprendí una nueva y determinante lección en mi vida.

La lección me llegó al hacerme a mí mismo aquellas mismas preguntas. El proceso de reflexión me sirvió para "conocer mi propia historia" y encontrar mi gran ¿por qué? De ese modo pude formular mis propósitos y mis metas.

Me di cuenta de que cuando eres consciente de tus propios propósitos, puedes ponerte objetivos más altos y puedes ser más intencional en la vida. Cuanto más te conozcas a ti, más capaz serás de liderarte a cotas mayores.

Steve Jobs dijo: *"La única forma de hacer un gran trabajo es amando lo que haces"*. Así que fue a través de conocerme mejor, como encontré mi propósito, aquello que más me gusta, y pude comenzar a moldear de manera intencional mi propio destino.

Espero que puedas comprender la importancia de hacer "grandes preguntas" y cómo estas pueden contribuir a tu desarrollo personal y profesional y por supuesto al de los demás.

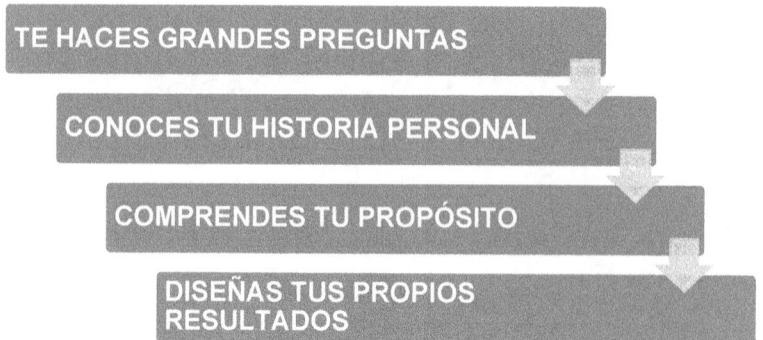

De aquella experiencia me quedaron varias reflexiones interesantes sobre las que vuelvo con frecuencia:

- La reflexión en nuestro "¿por qué?", nos permite desarrollar una actitud de consciencia e intencionalidad en nuestras acciones.

- Aprender a formular "grandes preguntas" nos permite sintonizar en un alto nivel con los demás.

- Más allá de nuestra zona de confort, hay otra zona donde la intencionalidad libera nuestro verdadero potencial.

- Profundizar en el poder de formular "grandes preguntas" es una gran manera de construir un ambiente de alto rendimiento.

- Tener un propósito es la manera de vivir intencionalmente. Sucede cuando los propósitos se apoyan en la necesidad de reflexionar de manera consciente y consistente.

Resumen

Conociendo la "historia de cada persona", a cada persona en sí, es como podrás establecer fuertes conexiones. Es la manera de hacer ver a cada persona que es importante y eso tiene un enorme reflejo en el éxito de cada uno y del proyecto. Además entendiendo lo que le motiva específicamente es como se desarrolla el estilo de liderazgo orientado a las personas.

Necesitamos hacer preguntas para extraer información de las respuestas que nos den. Es fundamental que las preguntas que hagamos sean valiosas para que nos permitan conocer mejor su historia personal, profesional y su visión de futuro. Así conseguirás una valiosa información para alinear a las personas con el proyecto.

Pensamos que la mayoría de las personas están motivadas por las mismas cosas. No es así. Acabarás en una frustración, pensado que los miembros del equipo no se esfuerzan o no te entienden cuando en realidad lo que ocurre es que probablemente no estarás comprendiendo la exclusividad de cada individuo. Es mediante el proceso de conocer la historia de cada persona como se aprende lo que motiva a cada una, aquello que la hace vibrar. Cuando se alcanza ese punto es cuando comenzamos a estar en la mejor disposición de alcanzar los mejores resultados.

1 El valor de las preguntas genuinas, permiten conocer la autentica historia de cada persona, constituyendo el mejor punto de partida.

2 Las mismas preguntas, te permiten construir tu gran propósito y diseñar tus propios resultados.

3.3

CREAR Y COMPARTIR UNA VISIÓN INSPIRADORA

"Lo importante no es saber qué tareas hay que hacer, sino tener una visión lo suficientemente clara que cualquiera la puede entender, lo suficientemente compartida que todos los agentes posean la misma imagen final y lo suficientemente trabajada como para que cada uno sepa dónde aplicar su único y especial valor."

¿Trabajas con una visión?

Quizá seas como yo en este aspecto. Siempre he odiado que me digan por sorpresa y con urgencia "hay que hacer esto" como modus operandi habitual. A veces es normal, pero ¿como norma habitual? ¿Qué previsión de trabajo es esa?, ¿es por una mala coordinación en la transmisión de la información?, ¿falta de planificación?.... La urgencia siempre existirá seguramente, sin embargo, hay algún error en algún sitio cuando sucede de forma habitual. Siempre me han resultado especialmente desconcertantes dos cosas. La primera es el no saber qué es lo próximo a ejecutar o desarrollar y lo segundo, que una vez comunicado un proyecto o una tarea que haya que comenzar corriendo porque ya vamos con retraso. ¿Te suena? Más aún como muchas veces ocurre, sin apenas información.

Si todo esto ocurre es porque probablemente no hay previsión, hay mala comunicación y por tanto no hay visión. La visión no es ordenar una serie de tareas sin más. Es mucho más que eso.

En mi caso, cuando un responsable ha compartido la visión a un año vista de los trabajos a los que dedicaremos nuestros esfuerzos ha sido un motivo de alivio y tranquilidad. No sé si será este tu caso. Evidentemente será el tiempo el que enviará algunos de los proyectos de esa visión al baúl de los recuerdos, pero eso ya será algo entendible porque entrará dentro de lo normal al responder a adaptaciones en la estrategia de la empresa.

Sin embargo, la visión del proyecto es mucho más que saber qué vamos a hacer.

Siempre me ha resultado muy inspirador trabajar en la creación de una visión. Me parece necesario saber qué vamos a hacer y por qué lo hacemos. Habitualmente sabemos "qué vamos a hacer", e ignoramos "por qué lo vamos a hacer". Cuando conocemos "por qué lo vamos a hacer" podemos añadir valor a "lo que vamos a hacer". Es decir podemos influir en el "qué vamos a hacer" aportando mayor valor al proyecto. Enseguida veremos los pasos a seguir.

Los proyectos necesitan de jefes que sean capaces de establecer una visión de manera suficientemente amplia como para ser comprendida y finalmente completada. Se requiere la habilidad de alinear el equipo con esa visión. Para ello se debe trabajar y compartir algo más que un sinfín de tareas y en una fase anterior a la creación de estas.

No se debe avanzar en un proyecto mientras no haya sido creada una visión compartida con el cliente y demás afectados por el proyecto. Es una imagen mental de lo que queremos alcanzar con la nitidez suficiente como para que el cliente sepa cuáles son sus verdaderas necesidades, para que entendamos cuándo cumplimos con los requerimientos del proyecto y cómo y cuándo podemos superar las expectativas. Si no es así, no sabremos hacia dónde estamos liderando al equipo, simplemente estaremos ejecutando tareas.

Grupo de procesos clave

Si tuviera que elegir el grupo de procesos más importante, sin duda sería el del alcance del proyecto. Es el grupo de procesos donde se construye la máxima definición de la visión del proyecto y donde nace el detalle del proyecto.

Albert Einstein decía *"si tuviese una hora para salvar al mundo, gastaría 55 minutos definiendo el problema y sólo 5 minutos encontrando la solución."*. Encuentro en esta cita una clara conexión entre la importancia que otorga Einstein a la definición del problema (en nuestro caso a definir la visión) y la relevancia y el tiempo que se le debe dedicar a la formulación de la solución (en nuestro caso a formular la visión). En ambos casos se trata de la importancia de la definición muy por encima de la formulación. Visto de otra manera. Es mucho más conveniente invertir el tiempo necesario en "definir" que en empezar rápidamente a formular con el único objetivo de comenzar a trabajar cuanto antes.

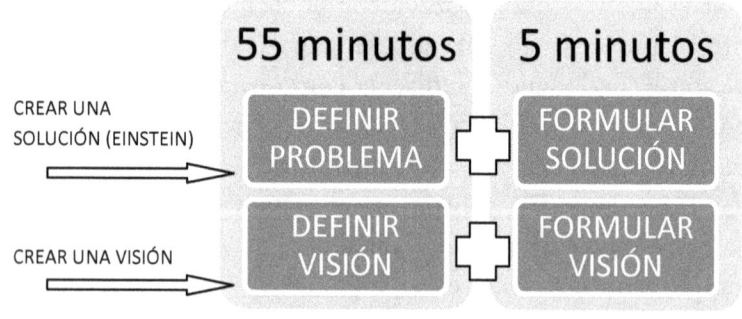

Sin embargo, por regla general, no tenemos cultura de desarrollar suficientemente el alcance del proyecto. Así que de alcanzar y compartir una visión clara, ni hablamos. Esta forma de trabajo habitual nos condena a malos entendidos, desacuerdos, pérdidas de tiempos en retomar lo que mal empezó y finalmente a malos resultados.

Incluso en el mejor de los casos, en el que entregamos o producimos lo que se nos encargó, lo cual se supone que es sinónimo de éxito, el cliente no acaba satisfecho porque no era lo que necesitaba a pesar de ser lo que pidió. Por ello, la visión debe ser trabajada por todos, compartida por todos y sentida como algo de todos.

> *"Cuando el fallo no es un resultado posible, nada es tan importante como una visión clara, compartida e inspiradora".*

El alcance

La gestión del alcance es el proceso de definir el trabajo que se requiere para después asegurarnos que ese y sólo ese trabajo es el realizado. Mientras no esté completamente clarificado el alcance, cualquier otro esfuerzo que realicemos en el proyecto está destinado a ser una pérdida de tiempo.

En el mejor de los casos reunimos información sobre lo que quiere el cliente, es decir sus expectativas. Sin embargo, cuando "lo que quiere" no coincide con "lo que necesita", resulta en una victoria amarga. Cuando trabajamos sin saber en el ¿por qué?, en el ¿para qué? o en el ¿qué resultados obtendrá el cliente?, en ¿cómo le afectará al cliente?, por citar algunas cuestiones, no podemos adecuar el proyecto a sus verdaderas necesidades. Para llegar a ese nivel, es el equipo el que debe respirar una visión común, que deberá haber sido creada con el resto de afectados por el proyecto.

El nivel al que debemos aspirar a trabajar en el proyecto no es el justo como para que nos aprueben al final del mismo el producto tras haber cumplido escrupulosamente con los requerimientos. No nos vale, con que nos validen el cumplimiento del alcance. En el nivel de visión compartida somos parte activa de esa gran foto final y conocemos las necesidades estratégicas, la perspectiva y las ideas del cliente.

Comunicando el alcance

Seguramente te ha pasado alguna vez. Durante la ejecución y al final del proyecto suelen haber discusiones sobre el alcance. Es cuando verdaderamente se pone a prueba el alcance que pensaba cada persona y cuando aparecen los conflictos. Lo que parecía claro ya no lo es tanto.

Es cuando acudimos a lo escrito en el papel. Cada parte implicada en el proyecto empieza a hacer sus interpretaciones y nos damos cuenta de lo imperfecto del lenguaje y de la comunicación y sobre todo empezamos a adivinar las implicaciones que esto podría tener en el resultado del proyecto.

Nos encontramos cayendo en el mismo sitio. La misma trampa de siempre. Lo bueno es que tiene solución.

"Sin visión no hay éxito del proyecto."

La grandeza de crear una visión

La visión del proyecto si es alineada con el desarrollo del negocio del cliente produce las siguientes ventajas:

- La creación de una visión compartida con el cliente ayuda no sólo al éxito del proyecto, sino lo que es más importante, al éxito del cliente.

- Trabajar con una visión engrandece el trabajo que estamos realizando.

- La visión nos da una perspectiva de futuro que se prolonga más allá del proyecto. De ese modo podemos crear una foto final clara y alineada con la estrategia del cliente.

- La visión ayuda a las personas y a las empresas a moverse hacia un mismo objetivo y a un exitoso futuro.

- La visión evita pérdidas de tiempo y esfuerzos inútiles porque su creación requiere de una reflexión que modele la imagen futura. La visión nos da la dirección hacia esa imagen de futuro. La visión promueve la eficacia, ayuda a crecer, limita los malos entendidos y favorece los buenos resultados. Reúne a todos trabajando por un mismo resultado.

- La visión actúa de brújula en el proyecto, hacia el destino deseado y resuelve cualquier duda ante la aparición de otros desvíos.

Propósito de la visión del proyecto

El proyecto nace en una necesidad del cliente. Para crear la visión del proyecto debemos saber dónde quiere llegar el cliente en el futuro. Así es cómo podremos ser más eficientes al no limitarnos a ejecutar una serie de tareas sin más. Por experiencia sabrás que ejecutar tareas sin más no es suficiente y nos avoca al conflicto.

En el día a día, en el mejor de los casos, sabemos lo que quiere el cliente que hagamos en el proyecto. Aún así casi siempre hay conflictos. Sin embargo, lo que no solemos saber es ¿por qué quieren que hagamos lo que nos han encargado?

Sin esa información clave, es fácil que inconscientemente nos desviemos del camino esperado. La visión clara nos debe resolver por qué estamos haciendo lo que estamos haciendo y como resultado, cómo lo vamos a hacer. Piénsalo. ¿Sabes por qué se hace el proyecto en el que estás trabajando?, ¿cómo se alinea con los objetivos del cliente y con otros proyectos que lleve a cabo?, ¿de qué manera afectará/mejorará/ayudará el proyecto al cliente a alcanzar su meta?, por citar algunas.

La construcción de la visión del proyecto trae claridad a nuestro trabajo. La visión del proyecto hará que el resultado del proyecto sea idéntico a las verdaderas necesidades del negocio del cliente, que en muchas ocasiones no es lo que quería en un origen. Permíteme repetir, "verdaderas necesidades", no simplemente lo que nos encargan.

Es cuando el equipo:

- ha trabajado en conocer el alcance del proyecto, después de comprender el propósito y el por qué del cliente,

- ha participado en la creación de la visión del proyecto, alineada con la estrategia de negocio del cliente,

cuando el equipo se hace propietario de esa visión y la motivación del equipo es mucho mayor. Es así y sólo así por lo que se pueden obtener los mejores resultados.

Formulando la Visión

Debes tener claro que no consiste en enfocarnos en los requerimientos del cliente, sino en sentirnos tan importantes en el proyecto cómo para orientar al cliente en las verdaderas necesidades que vayamos considerando. Para ello es necesario no sentirnos diez escalones por debajo del cliente, sino en una situación más igualada para dar lo mejor que llevamos dentro.

Con mayor o menor claridad, el cliente tiene una visión de negocio. Es lo que en la imagen siguiente llamo "visión cliente". Para alcanzar su visión, el cliente prevé ejecutar una serie de proyectos, los cuales deberán estar alineados mediante una estrategia ("estrategia cliente"). Uno de esos proyectos es el que vamos a realizar con nuestro equipo. Para obtener los mejores resultados en nuestro proyecto, debemos crear una "visión del proyecto", tratando de producir el máximo valor al cliente.

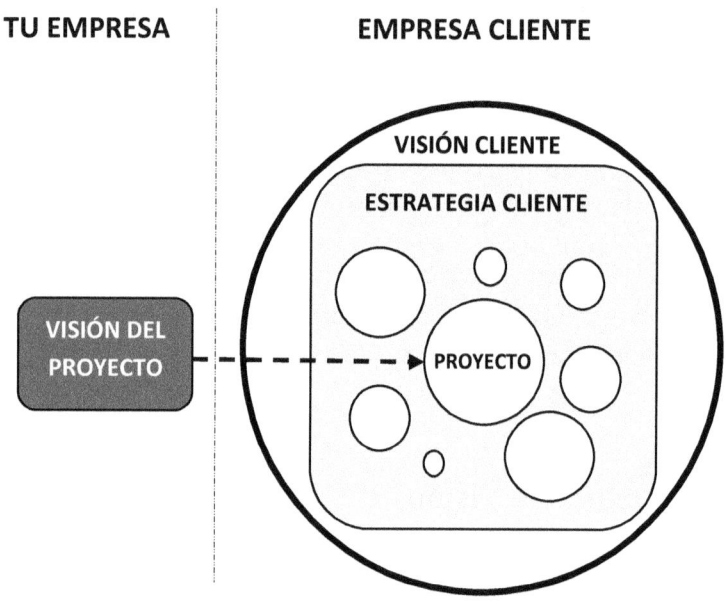

Básicamente necesitamos reunir información relevante y precisa extraída del cliente. Hay que entender el negocio y la necesidad del cliente mediante diferentes preguntas y encuentros. Es necesario dar respuesta a las tres grandes preguntas que nos harán crear la visión que cualquier miembro del equipo y el cliente deberán saber y compartir:

1. **¿Por qué estamos haciendo lo que estamos haciendo?** No buscamos la típica respuesta de "porque nos lo han encargado, ordenado o pedido". Buscamos saber ¿por qué lo hacemos?, es decir basado en el por qué del cliente ¿Por qué quiere el cliente este proyecto, en términos de contribución a su estrategia? Es en términos de la visión

del negocio del cliente, de su empresa. Es a partir de esa visión de la empresa del cliente como nos podemos beneficiar para construir la visión del proyecto. (Advertir que estamos diferenciando la visión del proyecto y la del negocio de la empresa del cliente).

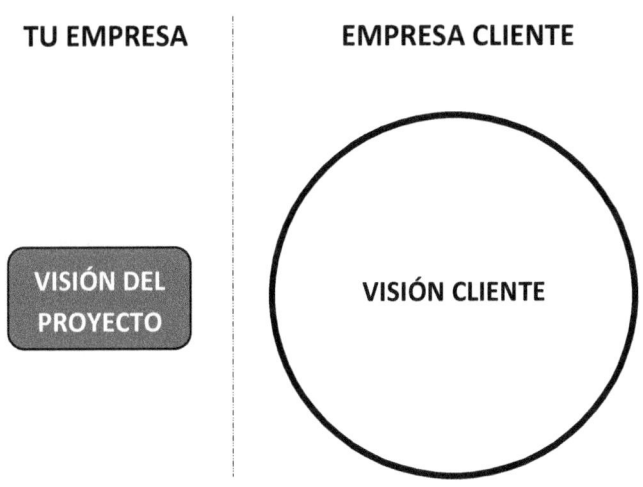

2. **¿Cómo vamos a conseguir el por qué?**, ¿Cómo lo vamos a hacer para alinear el proyecto con el por qué? Da respuesta al problema a resolver y/o el objetivo.

3. **¿Qué estamos haciendo para ello?, ¿Qué vamos a hacer?** Es ahora cuando se integran el por qué y el cómo anteriores. Debe contemplar nuestro trabajo.

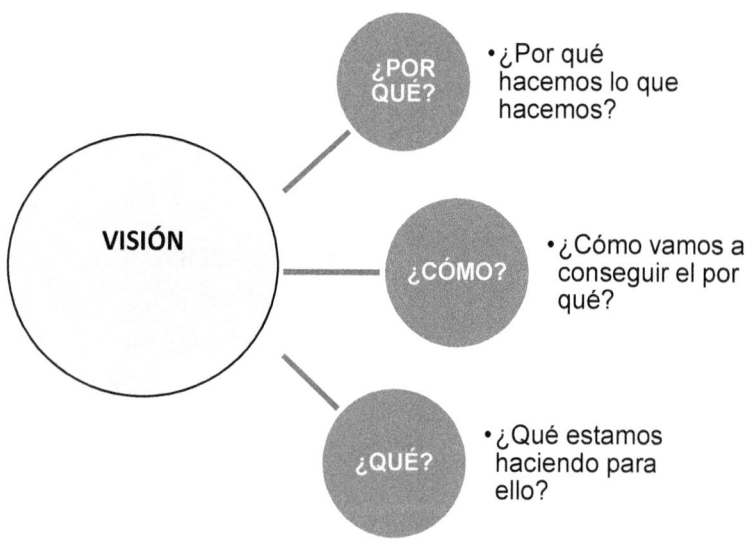

De este modo,

- la imagen final del proyecto adquiere máxima resolución de manera que nos servirá de guía durante todo el proyecto,

- Podremos ejecutar un proyecto que atienda a las verdaderas necesidades del cliente

- y como colofón, tendremos pistas de cómo podríamos exceder las expectativas del proyecto al conocer su origen.

Cuando se trabaja en algo que no se limita a la obligación de desarrollar una serie de tareas sino que se es consciente de ser parte activa de algo mucho mayor, se trabaja en un entorno de motivación cuyos resultados superan la media.

> *"Un proyecto sin visión es un proyecto sin liderazgo."*

Construyendo la visión

Para construir la gran Visión deberemos invertir el orden de las respuestas a las preguntas que hemos ido respondiendo. Es decir para enunciar la Visión del proyecto, se comenzará con la respuesta que convenimos a la pregunta ¿Qué?, seguida de la respuesta a ¿cómo? Finalizaremos con la respuesta que obtuvimos a ¿por qué? Resultando de esta manera:

1. **¿Qué?** – Vamos a crear, construir, diseñar,... para la compañía XXX

2. **¿Cómo?** – Mediante, haciendo, realizando, integrando, creando, construyendo, diseñando, …

3. **¿Por qué?** – para conseguir, resolver, obtener, … y lograr …

La Visión deberá ser construida, aceptada y compartida por equipo y cliente. Servirá para más adelante ir desmenuzando el trabajo necesario. Es la base para desglosar tareas, resolver dudas y dar seguridad al equipo en lo que está haciendo y al cliente en lo que va a recibir. Toda tarea que a partir de entonces se prescriba, será testada con la Visión. ¿Encaja en la visión?, nos deberemos preguntar. Serán tareas que son las necesarias porque aportan valor a la visión de la empresa del cliente.

Sociedad equipo-cliente

Para mí el equipo es la clave y mediante la creación de una visión compartida, aceptada y que realmente añade valor al cliente es como el equipo alcanza una nueva dimensión. Es así como se crea una visión de valor que sirve de guía durante todo el proyecto, diluyendo dudas y evitando conflictos.

Para conseguirlo se debe comprender lo que quiere el cliente conseguir con el proyecto y por qué, de manera que sepamos cómo encaja nuestro trabajo en su visión, la visión del proyecto dentro de su visión de negocio.

Sólo así podremos actuar desde nuestra posición profesional como si de un auténtico socio se tratase. De esta manera podremos poner a prueba lo que cree que quiere el cliente con lo que creemos que necesita el cliente, porque conoceremos su negocio y su visión.

Consiste en cambiar nuestro tradicional status quo de subordinados a otro en el que jugamos un rol más de "socio". Podemos hacerlo no sólo porque nuestro interés pase por el mejor trabajo para el cliente, sino porque tenemos mucho que decir y mucho que ayudar por el profundo conocimiento del alcance del proyecto que hemos adquirido al desarrollar la visión. A ello ayuda que somos los expertos en ese trabajo. Entendiendo lo que el cliente entiende y quiere nos permitirá ejecutar lo que el cliente necesita.

Partiendo de su visión y profundizando en el detalle de su negocio es cómo podemos pasar a ser verdaderos consejeros que aporten valor. No sólo al proyecto, sino al negocio del cliente. Es entender y trabajar por los intereses del cliente.

El resultado es que se conecta con el cliente y ganamos su confianza. El cliente percibe nuestro interés en su proyecto y en su negocio, que es en definitiva lo que más le importa. Se encuentra con un equipo motivado. La motivación ha nacido del conocimiento de cómo el trabajo del equipo va a afectar/ayudar al cliente. Los mejores resultados se sustentarán en la claridad que produce la visión porque reduce la incertidumbre de lo complejo, permitiéndonos enfocar todo el esfuerzo en los resultados.

> *"Crear una gran visión es el secreto de la fortaleza del equipo, la sociedad con el cliente y la base para alcanzar resultados más allá de las expectativas del proyecto."*

Beneficios de crear y compartir una visión alineada con el negocio del cliente

Una gran visión de proyecto no sólo contempla lo esperado en el proyecto, sino que también está alineada con la visión de futuro de la empresa del cliente. Esto nos permite que mediante la comprensión, no sólo de los requerimientos, sino de las necesidades reales del cliente podamos:

- estimular el rendimiento del equipo,

- trabajar orientados en un resultado mejor,

- tomar mejores decisiones,

- eliminar incertidumbre y dudas,

- ganarnos la confianza del cliente,

- exceder las expectativas del proyecto y del cliente,

- añadir valor a la empresa del cliente,

- conseguir beneficios reales para el cliente

- y ganarnos un nuevo cliente.

TRABAJO
- ¿Por qué quiere este proyecto?
- ¿Cómo espera que le afecte el proyecto?
- ¿Cómo se integrará el resultado en su negocio?

CLIENTE
- El Cliente entiende nuestra implicación creando una "sociedad" equipo-cliente
- El cliente siente sintonía con el equipo
- Se establece relación de confianza

EQUIPO
- Controla la incertidumbre
- Conoce cómo afecta al mundo real
- Recibe la confianza del cliente

RESULTADO
- Nuestro mejor resultado del proyecto
- Resultado mejor de los esperado para el cliente
- El cliente pasa a aliado

Resumen

Mediante el desarrollo y ejecución de un proyecto cumpliendo en tiempo, coste y calidad, probablemente habremos cumplido nuestras obligaciones contractuales. Pero, ¿es esto suficiente? La respuesta es no. Habremos cumplido con la parte tangible pero, hay una parte intangible que es la que supera las expectativas del cliente y por la cual estrechamos nuestra relación con él.

Seguramente habrás trabajado en proyectos donde se cumplió rigurosamente con lo convenido, pero ¿tu sensación fue buena al finalizar el proyecto en términos de "hemos hecho un buen trabajo"?, ¿quedó satisfecho el cliente? Probablemente no en todos los proyectos. En ocasiones hay una gran diferencia entre lo que el cliente quiere y lo que el cliente necesita.

Un líder de proyectos no debe sólo enfocarse en la triple restricción (tiempo, coste, calidad). Se debe empapar del porqué del proyecto dentro de la estrategia del cliente, considerando de ese modo los beneficios del proyecto también a largo plazo. Dicho de otro modo, ponerte en la piel del cliente de manera que pienses sintiendo que su negocio es tu negocio. Es decir, es una visión que va más allá de la que se queda en la estricta ejecución y entrega del proyecto según los requerimientos del cliente.

Todo el equipo deberá participar en la creación de la visión. La creación de una clara y valiosa visión, inspira al equipo haciéndole sentir el proyecto como un gran trabajo producto de su esfuerzo donde hay cabida a la innovación. Esto se traduce en la confianza que da el trabajar en algo en donde se puede aportar valor al cliente. Un valor que ni siquiera el cliente espera.

El equipo deja de estrictamente completar tareas de proyectos para pasar a trabajar en algo en lo que ve las necesidades reales y participa. La gran diferencia es saber que tu trabajo tendrá un impacto en el negocio del cliente porque lo conoces y porque comprendes cómo se integra en su estrategia y sabes cómo afectará a sus resultados. Todos tenemos que visionar una foto del producto final con gran detalle y para ello debemos comprender por qué vamos a hacer lo que vamos a hacer.

La clave está en invertir tiempo con el cliente. Debe ser un tiempo lleno de intención, es decir, previamente razonado, preparado y con las preguntas que queremos hacer. De esta manera iremos comprendiendo el negocio del cliente, su estrategia y cómo el proyecto se alinea con esta. Así podremos ir creando una visión de proyecto que deberá ser compartida con el equipo y el cliente de modo que se convierta en una autentica sociedad. Es fundamental que aportemos el valor que entendemos mejor para el cliente.

Profundiza de menor a mayor detalle con el orden de preguntas ¿por qué? ¿cómo? y ¿qué? Y luego invierte el orden para construir la Visión del proyecto. Las tres, ya famosas, partículas interrogativas se responden después de hacer muchas preguntas. Es un trabajo algo más largo en el que se debe entender el negocio del cliente. Invirtiendo el tiempo necesario con el cliente nos hará finalmente responder con precisión y simpleza a las tres grandes preguntas. Podremos construir una gran Visión, compartida por todos y nos simplificará el trabajo a la vez que inspiramos al equipo a su máximo rendimiento, construimos una gran alianza con el cliente y ganamos la confianza de este.

3.4

EMPODERAR AL EQUIPO

"Un líder no busca tener éxito, un líder procura el éxito a los demás."

Una base consolidada

Liderar implica colaboración en todos los niveles. Para ello, primero hemos aprendido a conocer la historia de cada persona de modo que conocemos sus fortalezas y podremos hacer uso de ellas con mayor efectividad. Hemos aprendido la importancia de crear una visión con el equipo que además es compartida a todos los niveles.

Estamos demostrando una manera distinta de trabajar. Estamos conectando con el equipo previamente y eso será la clave para la mejora de su rendimiento. Ese mejor rendimiento no es sólo puramente para beneficio de los resultados del proyecto, sino que, cada miembro del equipo se desarrolla profesionalmente y alcanza una mayor satisfacción en el trabajo. Es el momento de dar otro importante paso en la guía del equipo hacia el crecimiento de cada persona y hacia el éxito del grupo. Es el momento de que los demás también se pongan en marcha en el camino hacia su máximo potencial mediante el empoderamiento.

Empoderar

Empoderar quiere decir compartir parte de la autoridad y responsabilidad con los miembros del equipo. Básicamente consiste en otorgar autonomía.

Un líder no es un jefe, es el guía que figuradamente hace de mecánico para que el equipo pueda seguir circulando hacia la meta. Mantiene todas las piezas de la mecánica en perfecto estado. En ese sentido un líder proporciona lo necesario para que la máquina siga funcionando, aunque a veces tenga que hacer cosas que no le gusten, pero que hacen la vida más fácil al grupo.

Es ahora, cuando el líder cede parte de la responsabilidad que hace sentir a los miembros del equipo como piezas clave del proyecto porque su trabajo importa. El empleo del balance entre reto y apoyo irá inspirando al equipo. El líder se adapta en cada situación a las necesidades con las fortalezas existentes y compartir la responsabilidad con el equipo es la guinda del pastel.

Cuando el líder cede parte de la responsabilidad, el equipo entiende que su trabajo es importante y lo increíble no es sólo eso. Cuando una persona se siente importante, no se limita a hacer sus tareas, sino que busca la manera en la que pueda marcar la diferencia, pues siente que es este trabajo el que le está permitiendo y ayudando a crecer profesionalmente. En cambio el control exhaustivo mata la creatividad del equipo.

Una persona que se siente apreciada y valorada siempre aportará un mayor esfuerzo. Un esfuerzo intencionado e inteligente que excederá sus propias limitaciones y aquellas expectativas que se esperan por el puesto que ocupa.

La clave está en permitir al equipo hacer su trabajo en lugar de tratar de controlar cada pensamiento y tarea que efectúen y así sus miembros se encontrarán conectados a su trabajo porque sienten una responsabilidad propia. El equipo estará decidiendo, acertando y a veces equivocándose, pero también excediendo lo esperado de ellos porque al otorgarles la responsabilidad de sus propias decisiones su responsabilidad también es con ellos mismos y eso es crucial y lo que marca la diferencia.

No obstante, empoderar no consiste en dar carta blanca a todo. No consiste en "haz lo que quieras". Se debe dibujar el contexto, comprobar que se entiende y siempre encajar en la visión del proyecto y la ética y objetivos de la empresa.

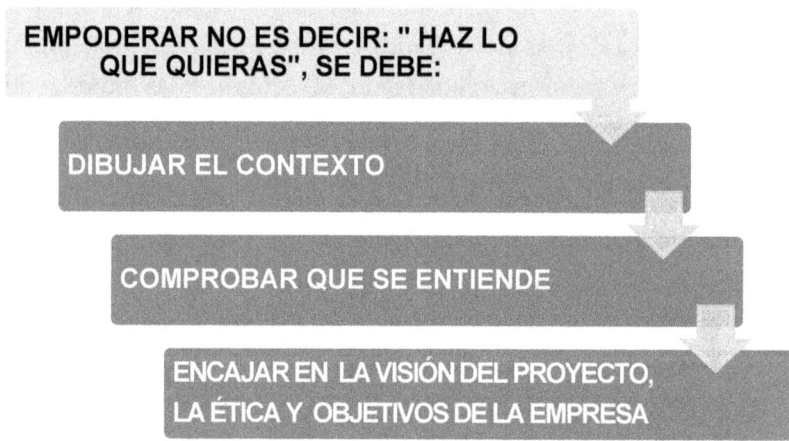

EMPODERAR NO ES DECIR: " HAZ LO QUE QUIERAS", SE DEBE:

DIBUJAR EL CONTEXTO

COMPROBAR QUE SE ENTIENDE

ENCAJAR EN LA VISIÓN DEL PROYECTO, LA ÉTICA Y OBJETIVOS DE LA EMPRESA

La importancia de dar autonomía al equipo

Un jefe de proyecto no tiene respuestas para todo. Ni debe. Es más, no debe tomar todas las decisiones. Es más, debe tomar cuantas menos mejor. ¿Cómo? Permitiendo al equipo tomar sus propias decisiones es una manera de ceder responsabilidad, de empoderar al equipo y por lo tanto de permitirle crecer.

Posiblemente te cueste ceder la responsabilidad. Sabes dónde el equipo se va a equivocar, quieres hacer todo a tu manera, te va a doler, pero no es menos cierto que no sabes dónde te van a dar una auténtica lección. Todo esto también es parte de empoderar al equipo.

Un líder no se dedica a tomar todas las decisiones. Más bien es enfocarse en guiar, en inspirar, en alentar al equipo para que tome las mejores decisiones sin tu control. Así podemos decir que más que controlar y decidir en todo, es influir sin tu presencia a la toma de decisiones correctas. Para ello, entre otras cosas, habremos creado una visión de proyecto y habremos puesto a cada persona en la mejor tarea posible fruto del conocimiento que adquirimos al entender la historia de cada una.

Como líder es de esperar que con el tiempo sigas ganando autoridad y responsabilidad en la empresa. Conforme ello suceda, perderás conocimiento del detalle. Te enterarás cada vez menos de lo que sucede en el día a día del proyecto. Sin embargo, serás responsable de todo. Incluso de cosas que muchas veces ni entenderás ni comprenderás. Cosas que se escapan a tu conocimiento técnico.

Si antes no te has dedicado a empoderar a tu equipo, si antes no has hecho responsable a tu equipo, si antes no has permitido crecer exponencial a tu equipo, ¿qué resultados esperas tener?, ¿qué vida esperas tener? Es más ¿esperas que tu equipo te acompañe toda la vida y no se cambien de trabajo?, porque no será por las oportunidades que les habrás dado ¿verdad?

Un líder siempre comparte responsabilidad. Permite que el equipo evolucione, crezca, gane autonomía y eficiencia. Y es así como a la vez el jefe de proyecto, el líder, puede enfocarse en lo verdaderamente importante. Es así como un líder crece.

Todos hemos trabajado para algún jefe cuya competencia era inferior a la nuestra. Hemos visto como tomaba decisiones incorrectas. Al final hemos sentido desconexión con ese jefe. Sobre todo, en aquellas áreas en las que tu propio equipo tiene mayor competencia que tú, cédele la decisión y pásales la responsabilidad. Es así, cuando una responsabilidad es cedida y cuando el equipo acepta esa responsabilidad (piensa que el equipo deberá aceptar la responsabilidad como propia, por su decisión, no como imposición), es cuando los resultados son mejores y el equipo gana una valiosa experiencia.

Así que, cede responsabilidad, permite que el equipo tome sus propias decisiones a pesar de que no se hagan algunas cosas a tu manera. Es así como el equipo crecerá y tú podrás ganar otras responsabilidades. Tendrás un gran equipo en el que confiarás. Un líder es líder porque lidera personas que le siguen, no porque tengan un cartel donde diga "líder de proyecto". Un líder aunque pueda tener poder, no necesita ejercerlo ya que cede responsabilidad que es aceptada.

> *"Si no empoderas al equipo, ¿cómo prevés afrontar mayores retos y obtener mejores resultados?"*

La Responsabilidad y otros Factores Motivantes

Muchas personas piensan que recibir un salario es un Factor Motivante. Esto es un grave error. A la vez esas mismas personas piensan que ceder responsabilidad no tiene sentido. Y esto completa un error mayor.

La Teoría de Herzberg o Teoría del enriquecimiento laboral o Teoría de motivación e higiene, nunca deja de sorprender cuando se la conoce. Según esta Teoría, las personas estamos influenciadas por dos grupos de factores: los Factores

Motivantes, cuya existencia resultan en satisfacción y los Factores de Higiene, cuya ausencia resulta en insatisfacción.

Entre los Factores Motivantes se encuentra la responsabilidad. ¿Qué sorpresa verdad?, también los logros, el reconocimiento o la promoción. Así que ya sabes lo que nos motiva verdaderamente a las personas. Ceder la responsabilidad es uno de ello. Ahí está el por qué de la importancia de empoderar al equipo. Es motivante y de los resultados que se alcanzan ya te puedes hacer una idea más precisa. Y lo más llamativo, no se encuentra ni rastro del dinero como Factor Motivante. ¡Vaya!, seguro que más de uno se lleva una sorpresa como yo me la llevé.

FACTORES MOTIVANTES

- LA RESPONSABILIDAD
- LOS LOGROS
- EL RECONOCIMIENTO
- LA PROMOCIÓN

FACTORES DE HIGIENE

- EL SUELDO
- LA RELACIÓN COMPAÑEROS
- LA POLÍTICA DE EMPRESA
- AMBIENTE DE TRABAJO

El sueldo se enclava dentro del otro grupo, el llamado de los Factores Higiénicos. También se encuentran en este grupo la relación con los compañeros, la política de empresa y otros. Estos factores no mejoran la motivación. No te voy a engañar, son importantes, pero repito, no mejoran la motivación. La ausencia de un buen sueldo o de un buen ambiente de trabajo minan a la motivación y la pueden destruir. Es decir, la ausencia de estos Factores Higiénicos es destructiva aunque su existencia no es motivante. Por ejemplo un buen sueldo o un buen ambiente no motivan, aunque un mal sueldo o un mal ambiente perjudicarán a los otros factores, los que sí motivan (logros, reconocimiento o la promoción).

Así que si quieres motivar, piensa en dar responsabilidad, ayudar en el crecimiento personal y/o en el reconocimiento del equipo. Aunque ¡ojo!, asegúrate de que los miembros del equipo tienen un sueldo suficiente, un buen ambiente y no están excesivamente molestos con las políticas de la empresa, pues de lo contrario perjudicaría a tus esfuerzos de motivación.

Cómo podemos delegar y ceder la responsabilidad

Antes de delegar cualquier tarea, primero debemos reflexionar en el objetivo de la tarea, en las habilidades necesarias para llevarla a cabo y en los recursos disponibles para el equipo.

Entre las medidas a considerar a la hora de delegar se pueden seguir las siguientes:

- Explicar cómo la/s tarea/s a desarrollar se enclavan dentro de una imagen mayor. De esa manera se puede entender el propósito y facilita la toma de decisiones.

- El líder debe ser claro y específico sobre los resultados que se esperan.

- Asegurar la comprensión del resultado esperado. Lo más sencillo y eficaz es preguntar al equipo sobre los resultados que se esperan.

- Hacer un turno de preguntas. Preguntar por dudas y por ideas. En el caso de las ideas es fundamental escuchar con especial atención.

- La responsabilidad final la tiene el jefe de proyectos así que se deberán establecer hitos de presentación del trabajo según la relevancia.

No se debe tener el foco siempre en el "cómo", eso lo hacen los jefes de proyectos que controlan en exceso y anulan completamente la creatividad. En su lugar se debe focalizar en el "qué" y dejar que cada persona aplique su "cómo". Es así como los miembros del equipo desarrollan sus habilidades y crecen.

Otras formas de empoderar al equipo

Recuerda que uno de los beneficios de empoderar al equipo es que ganas un precioso tiempo para dedicarlo a tareas importantes, como por ejemplo reflexionar.

A continuación se exponen una serie de formas de empoderar al equipo:

- Da feedback y úsalo para motivarlo. Remarca lo positivo, lo que ha sido bien ejecutado. Además señala claramente elementos que fácilmente podrían mejorarse.

- Ofrece retos y oportunidades nuevos. De esta manera pueden demostrar su valía. Fíjate en sus fortalezas, descubre que podrían hacer que se salga de lo habitual y deja que se luzcan.

- Retar sí, pero no vale para todos y depende del reto. Todos somos distintos, algunas personas pueden verse agobiadas por la magnitud y/o cantidad de retos. Tenlo en cuenta, mejor pregunta.

- No se trata de ceder la responsabilidad sin más. Podrían preguntarse a qué te dedicas tú. Aprovecha reuniones con el equipo para explicar algunas de las tareas que desempeñas. Entenderán la imagen del proyecto mejor, verán que ellos son parte de él y el trozo que ocupan dentro del él.

- Permite que ganen autonomía. Cuando cedas el testigo procura que sea de comienzo a fin. Si dejas que tomen una decisión, permite que la concluyan y que sientan la responsabilidad y el sabor de lo nacido de su propio trabajo.

- Permíteles cuestionar tus ideas. Crea un ambiente que lo propicie. Pregúntales por la manera que consideran mejor para hacer las cosas.

- Defiende a tu equipo por encima de todo. Delante de quien sea. Los líderes toman propiedad de esa responsabilidad. Los miembros del equipo son responsables, pero el líder es "accountable", es decir, responsable de las responsabilidades de los miembros del equipo.

- Abruma al equipo de vez en cuando con la cantidad de tareas o proyectos por hacer a medio-largo plazo. Hazles ver que se cuenta con ellos. Incluso a veces se cuestionarán si están preparados para ello. Es una manera de bombardear sus limitaciones mentales, sus pensamientos limitantes. Resultarán estimulados y fortalecidos.

> *"Empoderar aumenta la confianza del equipo, mejora la autonomía de cada miembro y posibilita mayores metas."*

Empoderamiento accidental, un caso real

La mayoría de los jefes de proyectos sienten que no hay suficientes horas en el día para realizar todas las tareas. Seguramente a ti también te ha pasado o incluso te está pasando. Mucho por hacer y poco tiempo para ello.

Fue en mi segundo proyecto como jefe de proyectos cuando aprendí indirectamente la importancia de ceder responsabilidad al equipo. Sí, fue indirectamente.

Sin duda fue el proyecto más exigente al que nunca me he enfrentado. Contenía todas las restricciones que te puedas imaginar. Tiempo, presupuesto, variedad de stakeholders con metas y objetivos encontrados, dudas sin respuestas, hitos impuestos sin coherencia y una ilimitada cantidad de contratiempos.

Tenía una indeterminable cantidad de tareas y obligaciones por abordar. Así que me tuve que centrar enormemente en ejecutar tantas tareas como me fuera posible. De ese modo, lo que ocurrió es que dejé de efectuar un férreo control sobre el trabajo del equipo. El equipo se vio liberado de mi constante auditoría, de manera que ganaron tanto en libertad como en propiedad de su trabajo más personal. Encontraron un espacio de mucho menor control, más libre para tomar su propia responsabilidad, hacer uso de la experimentación, tomar sus propias decisiones e innovar sobre la manera tradicional.

Los resultados fueron la obtención del mayor rendimiento posible del equipo. Dejé de "micromanage", de micro-gestionar al equipo, de efectuar un riguroso control del equipo y en retorno el equipo sintió alivio, responsabilidad, confianza y reto.

Muchas veces las grandes lecciones se aprenden indirectamente. Fue cuando no pude controlar en detalle el trabajo del equipo por la gran cantidad de tareas que yo tenía. Entonces tuve que dejar de controlar, parcialmente, el trabajo del equipo y confiar en todos y cada uno de sus miembros. Como consecuencia el equipo se sintió más liberado, aceptó su responsabilidad y creció. Y yo aprendí, aunque fuese accidentalmente, el significado de empoderar al equipo al ceder responsabilidad.

Resumen

Muchos jefes de proyecto confunden o mejor dicho, hemos confundido nuestra responsabilidad con controlar todo lo que pasa y se hace en el proyecto. Pensamos que todo se tiene que hacer a nuestra manera, a pesar de que esto limita la capacidad del jefe de proyectos y la del equipo y por tanto la de la empresa. Es vital empoderar al equipo para propiciar el crecimiento de todos y para el futuro de cualquier empresa.

Cuando alguien cuestiona el empoderar, porque básicamente es un gran salto en la manera habitual de trabajar, siempre le digo lo mismo. A veces se gana y otras se pierde pero sólo hay una manera de conseguir la excelencia. Esta pasa por el trabajo en equipo y empoderar a sus miembros es uno de sus factores claves.

ESCUCHA Y PREGUNTA

"Pronto olvidamos las palabras de un líder, pero nunca olvidamos cómo nos hizo sentir. Oír no es suficiente, las palabras se olvidan. Es necesario escuchar para recordar."

La servidumbre pasa por saber escuchar

Un líder se diferencia de un manager en que el primero no sólo contempla la realización de tareas, sino que lo combina con un enfoque a las personas. Incluso iría más lejos. Diría que las personas se convierten en una prioridad, a través de la idea de que liderar pasa por servir a los demás. El líder busca oportunidades para servir a las personas ayudándoles a alcanzar su máximo potencial.

Quien tiene personas a su cargo tiene dos opciones: valorar al equipo o no valorarlo. Reconocer el valor del equipo o no reconocerlo. Quien no reconoce el valor del equipo, sólo espera que el equipo le sirva, en virtud de su posición jerárquica. Por otro lado quién reconoce el valor de las personas del equipo, quién entiende que el éxito pasa por el equipo, sabe que ser un líder conlleva servir al equipo para que este alcance su mejor nivel.

Ya reconocemos la importancia del enfoque no sólo en tareas sino también en las personas, sabemos la importancia de conocer la historia que hay detrás de cada persona, la relevancia de crear y compartir una visión de proyecto clara e inspiradora y por último cómo ayudar a crecer al equipo mediante el uso de sus fortalezas en el ejercicio de responsabilidades personalizadas. Es el momento de presentar la habilidad de la escucha, de sus diferentes niveles y de cómo aplicarla.

La escucha está infravalorada

Las personas son el elemento de mayor valor. Nada es tan importante. El mayor deseo del equipo, como el de cualquier otra persona, es sentirse valorado. El reconocimiento o la apreciación es la forma más evidente de premiar. Por el contrario, la escucha atenta y la formulación de preguntas interesadas y de gran valor están infravaloradas. La apreciación puede ser falsificada, no es fácil pero puede hacerse. Sin embargo, la escucha atenta es imposible de falsificar.

La escucha requiere una comprensión profunda que sólo se consigue con esfuerzo intencionado y además conlleva preguntas que demuestran el nivel de atención. Escuchando y preguntando enfocados en la otra persona es una poderosa forma de reconocimiento al mostrar un alto interés en la valía de la otra persona. Es un enorme reconocimiento y se demuestra un gran respeto. Sutilmente estás diciendo, "estoy al 100% contigo, tengo una gran interés en ti, quiero comprenderte y ayudarte a ser mejor".

El hacer sentirse a la gente valorada no es algo muy común. Seguramente tú también sabes cuando alguien reconoce tu valor por las preguntas que te hace. Es algo intuitivo. La escucha activa, la que contempla la formulación de preguntas es un gran reconocimiento de respeto y otorga valor e importancia a la persona que está hablando. Todos los días trabajamos con el piloto automático y este hábito no contempla la escucha que reconoce el valor de los demás. Es una escucha mecánica.

La mala comunicación, factor clave en el fracaso del proyecto

Un líder debe saber y entender qué están pensando los demás y no hay otra forma más efectiva de saberlo que mediante la escucha activa. Esta escucha es aquella que contiene preguntas de gran valor. Se estima que un jefe de proyecto invierte entre un 85 y un 90% de su tiempo en la comunicación y como te puedes imaginar, no es hablando sin parar. Hay una regla que dice que si tenemos dos oídos y una boca es porque debemos hablar la mitad de lo que escuchamos. En mi opinión creo que esta regla se queda corta. Tenemos que escuchar mucho más de lo que debemos hablar.

La escucha conlleva oír, pensar y preguntar, mientras que oír solo requiere la percepción del sonido que recogemos por los oídos.

¿Cuántas veces te ha sucedido? Te has encontrado en medio de un fuego cruzado donde dos partes discutían. Seguramente en muchas de esas ocasiones te habrás dado cuenta de que era una discusión ridícula. Cada parte hablaba en un idioma distinto, incluso de cosas diferentes. Cada parte únicamente se preocupaba de lanzar su mensaje sin escuchar al otro.

Casi siempre, todos adoptamos nuestro rol arrastrando todos los prejuicios posibles inherentes a él y no escuchamos. Sólo nos preocupa nuestro mensaje, no nos esforzamos en escuchar y la situación se complica produciéndose un desencuentro y dañando la relación.

Es vital recordar que a nadie le importa lo que a nosotros nos interese, si primero no hemos demostrado que nos interesa lo de los demás.

> *"No te esfuerces en lanzar tu mensaje si previamente no te has interesado por el mensaje de los demás, corres el riesgo de que nadie te escuche."*

La escucha

La escucha es una habilidad indispensable que todo líder debe tener. La escucha demuestra respeto e interés y nos enriquece con más conocimientos. Es una de las más importantes habilidades a desarrollar. Todos pensamos que sabemos escuchar, pero requiere bastante más que simplemente oír.

Los grandes comunicadores no es que sean buenos oyentes, son extraordinarios oyentes. La escucha atenta es parte de la ecuación. Es más importante que hablar. Habitualmente quien habla es quien lleva la conversación, sin embargo, desarrollando una buena atención, se invierte este hecho. Una buena escucha hace que sea el oyente el que aporte un valor adicional que habitualmente no aporta. Si vas a comunicar, no puedes limitarte a oír, también tendrás que escuchar.

Lo fácil es hablar mucho y escuchar poco. Por fortuna es un hábito que puede ser modificado. Por supuesto que requiere esfuerzo y lleva tiempo pero los resultados te diferenciarán.

Las personas quieren ser comprendidas. Lo normal es poner toda nuestra energía en hablar y poner el piloto automático al escuchar. Pensamos que lo difícil es hablar y que escuchar es lo sencillo. Estamos convencidos de que lo más importante es lo que nosotros decimos, no lo que dicen los demás. Todo esto perjudica a la autentica escucha. Lo cierto es que de este modo nos estamos engañando a nosotros mismos constantemente.

"No pierdas el tiempo en oír mientras no escuches."

Primer nivel para escuchar eficazmente

El primer nivel de escucha es el básico y por el que debemos comenzar. En este nivel ganas consciencia de que tú eres el oyente y para ello debes ser conocedor de una serie de consejos. Trata de irlos poniendo en práctica poco a poco para que pasen a ser parte de tu nueva forma de escuchar:

- Dale toda tu atención a quien habla. Mantén el contacto visual. No hagas otra cosa.

- No interrumpas. Deja que se explique. Da el tiempo necesario para que haga una completa exposición.

- No quieras oír lo que no se ha dicho. No te anticipes. Céntrate en entender. La mayoría sólo recordamos el 50% de lo que acabamos de escuchar.

- Cuidado con contaminar lo que la otra persona está diciendo con nuestro lenguaje corporal. Nuestras expresiones pueden transmitir una opinión sin que hayamos llegado a hablar y esto hará que cambie el mensaje.

- Tomar notas en directo suele ser importante. Nos ayudará a comprobar que hemos entendido lo que nos están diciendo.

- Parafrasea lo que se ha dicho como forma de asegurar que hemos comprendido bien. Además esto ayuda a que quien hablaba aporte nuevos detalles y más precisos.

- Haz preguntas que te permitan reunir más información para comprender mejor.

- Resume lo que has entendido para comprobar la comprensión correcta. Apóyate en tus notas y complétalas.

- Ahora ya podrás comenzar a juzgar lo que has escuchado y no antes. Siempre después de que la otra persona haya terminado.

El callar y escuchar contradice a la condición humana de la búsqueda de notoriedad. No es fácil. Sin embargo, ganar maestría en la habilidad de escuchar te hace diferenciarte y te posiciona donde hay menos (escuchando) y eso sí que es ganar notabilidad de un manera mucho más determinante. Es así como el proyecto esquiva uno de sus mayores problemas (la comunicación pobre). La escucha atenta del líder hace que el equipo se sienta importante por el reconocimiento que ello supone.

PRIMER NIVEL DE ESCUCHA:

ESCUCHA EFICAZMENTE

Segundo nivel de escucha, hacer grandes preguntas

¿Recuerdas la cita de Albert Einstein, "si tuviera una hora para salvar el mundo, gastaría 55 minutos definiendo el problema y sólo 5 minutos encontrando la solución"? En esta cita, en esos 55 minutos sólo caben dos acciones: escuchar y hacer preguntas para entender. Cuanto mayor comprensión, mejor decisión. ¿Te parece suficiente motivo? En el caso nuestro, llegaremos mucho más lejos por el reconocimiento que implica la escucha atenta y la formulación de preguntas adecuadas a quién habla.

Deberíamos entrenar la habilidad de hacer buenas preguntas. Pero ¿por qué es tan importante la habilidad de hacer preguntas? Algunos de los muchos motivos son:

- Las preguntas evitan la confusión,

- hacen sentirse al preguntado importante,

- nos ayudan a ser más empáticos,

- nos permiten comenzar una relación o nos ayudan a consolidar una existente,

- transmiten confianza al preguntado,

- nos aportan conocimiento o

- nos ayudan a resolver un problema, entre otros muchos más.

La realidad de las preguntas

Las personas hacemos preguntas esperando obtener una respuesta perfecta. Especialmente esperamos recibir la respuesta que buscamos. Sin embargo, casi nunca la obtenemos. La clave para recibir una gran respuesta es realizar aún mejores preguntas.

Al no considerar la claridad que queremos conseguir con las preguntas se abre un mundo lleno de interpretaciones diferentes. Cuando preguntamos lo solemos hacer enfocando la pregunta desde la respuesta que esperamos recibir. De ese modo la pregunta nace contaminada. Quien responde se encuentra con una pregunta mal enfocada e imprecisa. Entonces, recibir una información más allá de lo esperado resulta difícil.

Además, solemos presuponer todo o demasiado sobre los demás. El presuponer demasiado es un rasgo humano. Como resultado no preguntamos con la intención de comprender, sino con la de recibir la respuesta que creemos. Demasiadas veces preguntamos presuponiendo la respuesta, lo cual propicia malas preguntas y así obtenemos respuestas de poco valor.

Un ejemplo sencillo de presunción. Presuponemos que a todos nos motiva el dinero. Presuponemos la respuesta y por eso no hacemos la pregunta. ¿Le has preguntado alguna vez a alguien del equipo qué es lo que le motiva o motivaría en su trabajo? Ya sabes que el dinero no es un factor motivante, por tanto, nuestra presunción es errónea y a pesar de ello, continuamos preguntando ayudándonos en constantes presunciones.

Por tanto, algunas de las preguntas que debemos hacernos habitualmente durante el proyecto son aquellas que buscan combatir a nuestras presunciones. Algunos ejemplos son:

¿Qué estamos presuponiendo, pero que en realidad nadie ha dicho? o ¿qué estamos suponiendo que va a suceder, pero podría no ser así?

No te quedes en las preguntas demasiado obvias. Exígete más. Busca preguntas de valor. Busca preguntas que nunca se hacen porque se presuponen. Verás que al final son las que importan.

Es sorprendente ver como cuando ponemos a prueba aquello que presuponemos, ganamos claridad. Es así como los resultados se vuelven grandes logros.

> *"Las grandes preguntas nos hacen mejores líderes."*

Diferentes enfoques, mejores resultados

Cuando hacemos preguntas, lo habitual es hacerlas desde una única perspectiva. De ese modo no conseguimos recopilar información suficientemente relevante. El secreto es la formulación de preguntas desde diferentes enfoques. La mayoría de las preguntas deben ser abiertas, es decir, no se deben limitar a pedir un sí o un no. Queremos construir decisiones reuniendo información.

Un sencillo ejemplo para explicar lo de "diferentes perspectivas": Si estamos trabajando en determinar el alcance del proyecto, lo más obvio son preguntas del tipo: ¿en qué consiste?, ¿qué hay que hacer? o ¿qué es lo que se encuentra dentro del alcance del proyecto? Perfecto, pero insuficiente. El enfoque de estas preguntas es único y se centra únicamente en conocer aquello que está "dentro del proyecto".

Tener una única perspectiva, nos hace presuponer muchas cosas. La presunción no es buena consejera. Así que mi propuesta para darle otro enfoque sería completar preguntando ¿Qué está fuera del alcance del proyecto? No sólo para lo evidente de saber qué está fuera sino para ganar seguridad en lo que está dentro. Esto es en lo que consiste el formular preguntas desde diferentes perspectivas.

Lo más normal es que esta pregunta dé lugar a mucha más información de la que esperamos y a nuevas preguntas que den más detalle. Justo lo que buscamos. Sería bueno dar incluso otro enfoque más. En este caso lo haría desde la perspectiva del final del proyecto. Podríamos preguntar, ¿Cuáles son los criterios de aceptación de los requerimientos contemplados en el alcance? Una vez más es importante la respuesta obvia, pero no lo son menos los nuevos campos que se van a abriendo a raíz de la pregunta. Verás como lo que suponías tú y lo que suponían los demás es diferente. Es mejor dejar todo claro desde principio que no más adelante, cuando sea un verdadero problema.

Es importante hacer muchas preguntas, desde diferentes perspectivas y de la mayor calidad posible. La comunicación es muy imperfecta y en nuestro caso debemos alcanzar el máximo detalle.

Cuando tenemos un proyecto en papel parece que todos ya sabemos qué tenemos que ejecutar. ¿Has preguntado cómo espera que impacte la realización de este proyecto al cliente? ¿Le has preguntado qué considera lo más importante para que puedas sobrepasar lo esperado y dónde no puedes fallar? Como ves, estos enfoques también nos darán una información muy importante. Mucho más que si nos quedásemos en las preguntas que planteaba al comienzo.

Además del efecto evidente de las preguntas, que es ayudar a producir mejores resultados, con ellas demostramos interés y profesionalidad en nuestro trabajo y gran compromiso con el resultado de los demás, sean miembros de tu equipo o los de cualquier otro interesado en el proyecto.

> **Diferentes enfoques nos dan mejor información.**

Ejemplos de preguntas que mejoran nuestra perspectiva

Es importante no quedarse en las preguntas tradicionales, que no aportan casi nada. He reunido una serie de preguntas aplicables a diferentes momentos durante la gestión de proyectos que te ayudarán a conseguir diferentes enfoques a la vez que recopilas mejor información. Te propongo unas cuantas a modo de ejemplos:

- **Ante una queja no des la solución sin más.** Pregunta: ¿cuál es exactamente tu petición?, ¿cómo se podría resolver?, ¿en qué nos estamos equivocando?, ¿qué estamos haciendo bien?, ¿cuál solución tomarías?, ¿qué podemos aprender de esta situación?

- **Para ayudar a la efectividad del equipo**: ¿cómo puedo ayudarte a mejorar tu efectividad?, ¿cómo se podría hacer tu trabajo más fácil?, ¿cómo te sientes en el equipo?, ¿qué hay que hacer para tener éxito/no fallar?, ¿cómo podemos garantizar que vamos a tener éxito/no vamos a fallar? (ambas preguntas con ambas alternativas pueden conducir a mayor información).

- **Para importar cosas de otros proyectos**: ¿qué debemos cambiar de lo que hacemos habitualmente?, ¿qué es lo que siempre nos funciona?, ¿dónde fallamos siempre?, ¿cómo podemos superar lo esperado?, ¿cómo podemos sorprender?, ¿qué nos enseña nuestra experiencia en otros proyectos?

- **Valorando riesgos**: Una de mis preferidas y que siempre me ha ayudado como alarma es: -si no hiciese nada desde ahora mismo, ¿dónde se produciría el primer problema pequeño/importante?-. Esta pregunta te ayuda a chequear los problemas más inmediatos. Similar es -si no hiciese nada desde ahora mismo, ¿quién sería la primera persona perjudicada?-. Ayuda a chequear tu agenda desde otra perspectiva a veces pasada por alto. Esta tipología de preguntas son en sí una especialidad. Se pueden denominar "escenarios de ¿qué pasaría si …?". De este modo nos ponemos en diferentes posiciones para posteriormente tomar mejores decisiones.

- **Preguntas comodines**: ¿cómo sabes eso?, ¿puedes contarme más?, ¿qué más me puedes decir?, ¿por qué? y de nuevo ¿por qué? varias veces.

- **Pregunta obligada**: ¿qué queremos conseguir? y su segunda: ¿cuál es el 20% de las tareas que nos darán el 80% del resultado?

- **Preguntas que inspiran a mejorar**: ¿Qué acciones nos resultan a día de hoy imposibles pero que podrían resultar determinantes?, ¿cómo podríamos hacer posible lo que parece imposible?, ¿qué resultaría necesario para hacerlo posible?, ¿merecería la pena?, ¿qué ganaríamos y qué perderíamos?

Lo importante es que así se crea un clima de actitud "yes we can" si me permites decirlo así. El equipo se siente motivado pues entiende que es partícipe del desarrollo del proyecto. Las respuestas serán comprobadas a través del proceso de preguntas y de ese modo se llegarán a las mejores ideas. Es aportar todas las ideas, recibiéndolas desde diferentes perspectivas para extraer las mejores. Sin peores ideas no habrá buenas ideas. Se necesita de todas para identificar las mejores.

> *"Ninguna respuesta tiene valor si no la precede una gran pregunta."*

La segunda pregunta siempre tiene más valor

El reto principal es la segunda pregunta. Es la que produce mayor claridad. Un ejemplo que se podría poner a partir de la primera pregunta, sería: "¿qué estás haciendo/desarrollando?", y su respuesta "Estoy trabajando en ….", la segunda pregunta podría ser: "¿qué es lo que has aprendido?, ¿qué es lo que cambiarías? o ¿qué es lo que dejarías de hacer?"

La segunda pregunta no suele ser muy valorada. Suele ser un ¿cómo lo llevas? o algo así. Esto es algo más protocolario que otra cosa y de acuerdo al nivel de la pregunta, así será la respuesta. El acierto de la segunda pregunta es determinante. Si no es suficientemente buena, el diálogo tomará otra dirección. Es más difícil que la primera. La primera puede ser automática pero la segunda nunca debe serlo.

Así que si te quedas sin ideas a la hora de afrontar la segunda pregunta te recomiendo alguna de estas tres opciones:

- Parafrasea. Es repetir el mismo mensaje que nos acaban de decir, pero con diferentes palabras. Así se demuestra atención, se gana tiempo para absorber mayor compresión de la respuesta y se da la oportunidad a quien habla de escuchar sus propias palabras y completar con nuevos comentarios.

- Haz de espejo. Consiste sencillamente en repetir lo que nos acaban de decir con las mismas palabras. Ganas tiempo mientras tratas de centrarte en el tema y la otra persona se da cuenta dónde puede añadir nuevo contenido.

- ¿Me puedes contar más? Esta es una pregunta muy recurrente. Es una pregunta comodín que siempre funciona.

> *"No esperes mucho de una respuesta si no te planteaste formular una gran pregunta".*

Proceso sencillo de preguntas

En varias ocasiones, al hablar de la importancia de las preguntas, me han pedido algún tipo de proceso fácil de recordar y que ayude a ir formando el hábito de hacer preguntas interesantes de manera espontánea y natural. Te propongo una sencilla estructura para ir practicando desde el inicio e ir ganando confianza y experiencia:

1. Haz la primera pregunta.

2. (Respuesta).

3. Parafrasea con palabras clave.

4. (Respuesta).

5. Ahora sumérgete en la respuesta y entra en más detalle a la vez que se confirma que has comprendido.

6. (Respuesta).

7. Haz de espejo.

8. (Respuesta).

9. Cambia la perspectiva, pregunta: ¿qué otra posibilidad hay?, ¿cómo no se debería hacer?, ¿por qué crees que … (de ese modo/ haciendo eso/ considerando …?

Como puedes ver en el ejemplo, cuando no andamos finos o no se nos ocurre una gran pregunta, las técnicas de parafrasear, hacer de espejo o sencillamente la pregunta "¿me puedes contar más?", nos permitirán seguir recogiendo información de valor, sin esfuerzo y sin romper el flujo de la conversación.

Las preguntas tienen un gran poder

Personas relevantes han considerado la importancia de las grandes preguntas. A continuación encontrarás algunas citas que demuestran su enorme importancia:

- *"Relatar crea resistencia. Preguntar crea relaciones."*
  -Andrew Sobel, Autor de Power Questions

- *"No tienes que tener todas las respuestas, pero lo que no es negociable es que tengas las preguntas."*

-Beverly Kaye & Julie Winkle, autoras de "Help them grow or watch them go"

- *"Nuestra compañía funciona con preguntas no con respuestas."*
  -Eric Schmidt, CEO de Google

- *"Cuando contribuyes individualmente intentas tener todas las respuestas. Cuando eres un líder, tu trabajo es tener todas las preguntas."*
  -Jack Welch, ex–CEO de General Electric

- *"Nunca aprendo nada hablando. Sólo aprendo cuando hago preguntas."*
  -Lou Holtz, ex-entrenador de futbol

SEGUNDO NIVEL DE ESCUCHA:

HAZ GRANDES PREGUNTAS

Tercer nivel de escucha

Existe un nivel superior de escucha y que no tiene que ver con los oídos o las preguntas. Está relacionado con la empatía y la percepción del momento.

Este tercer nivel de escucha lo divido en dos apartados:

1. Ponerse en el lugar de la otra persona.
2. Poner atención a lo que no se dice.

1. Ponerse en el lugar de la otra persona.

Consiste en tratar de comprender cómo funciona la mente de la otra persona considerando su situación. El objetivo es ver las cosas desde el ángulo del otro para llegar a una mejor comprensión de sus palabras y de sus intenciones. Todos hacemos lo que hacemos y decimos lo que decimos por algo. Para comprender sus pensamientos, motivaciones, intereses,... debemos ponernos en la piel de la otra persona.

Es habitual pensar que la persona que habla se equivoca, no sabe bien lo que quiere y sobre todo que nosotros somos los que lo sabemos todo. Pero lo cierto es que todo tiene una explicación que en muchas ocasiones desconocemos.

Al igual que nosotros tenemos un escaso interés en los demás, los demás también tienen un escaso interés en nosotros y por tanto casi nadie trata de ponerse en el lugar del otro cuando hablamos. Antes de hablar y dar tu opinión, trata de ver las cosas desde el punto de vista de la otra persona.

2. Poner atención a lo que no se dice.

En la comunicación hay mucha información que no se dice. ¿Por qué?

1. Cuando quien habla tiene muy claro su mensaje, su mente va más rápida que sus palabras y se omiten partes.

2. Cuando se escucha, nos solemos componer una idea, la cual la completa nuestro cerebro con cosas que supone, pero que en realidad no se han dicho.

3. Cuando alguien habla, suele evitar información que pudiera no convenirle dar.

Sea cual sea el caso, la labor del líder es saber extraer esa información que no se dice pero que es importante.

TERCER NIVEL DE ESCUCHA:

PONTE EN EL LUGAR DE LA OTRA PERSONA

PRESTA ATENCIÓN A LO QUE NO SE DICE

En resumen

Es necesario ayudar a otros a comunicar, para tratar de entender lo que nos quieren decir. El objetivo de la escucha es recoger la información más precisa para dar la mejor respuesta o tomar la mejor decisión. Para ello es necesario aprender los tres niveles de escucha:

1º. La escucha atenta.

2º. Ganar perspectiva formulando muchas y valiosas preguntas.

3º. Ponerte en el lugar de la otra persona y poner atención a lo que no se dice.

3.6

LIDERAR CON EL EJEMPLO

"El ejemplo es la manera más poderosa, directa y convincente de influir positivamente en los demás."

El ejemplo de un líder

La tradicional política de los managers es la de exigir, cuando en realidad debería ser la de mostrar el camino. Un líder conoce y enseña el camino a los demás. Pero esta fórmula está incompleta, pues requiere del ingrediente más importante que es el de su actitud y dentro de ella, el liderar con el ejemplo como uno de los conceptos esenciales del liderazgo. Los líderes conocen y enseñan el camino y lideran con el ejemplo.

Un jefe de proyectos suele aplicar una filosofía "haz lo que digo y no lo que hago". Cuando alguien aplica esta política no debería esperar mucho entusiasmo porque no lo encontrará. Cada persona tiene su rol en el equipo, eso es cierto, pero no es menos cierto que el empleo exclusivo de órdenes y la ausencia de ejemplo producen resultados pobres porque son sinónimos de "gestionar personas". Eso no es liderar personas. El título de líder lo otorga el equipo y quien gobierna con la filosofía de "haz lo que digo y no lo que hago" no obtiene tal reconocimiento.

Los jefes de proyectos se centran en hacer las cosas bien, sin embargo, si esas cosas no son las más oportunas, dará igual que las hagamos bien. En cambio un líder se centra en hacer las cosas que son correctas, las que sí deben ser hechas y por supuesto, liderar con el ejemplo es una de esas cosas que sí lo son.

Un líder se gana a pulso el respeto de las personas a las que lidera, aunque no de manera inmediata pues primero debe cundir el ejemplo para que cale el mensaje. El jefe de proyecto lidera con palabras mientras que un líder se gana el respeto con hechos cuando es o sirve de ejemplo para los demás.

El ejemplo de la integridad

Liderar mediante el ejemplo se puede realizar a través de diferentes valores. Uno de ellos es el de la integridad. La integridad es por definición un compromiso inquebrantable con la moral. Una persona íntegra es recta e intachable. En nuestra sociedad, lamentablemente, muchas personas públicas han demostrado poca integridad en demasiadas ocasiones. Estos ejemplos son muy negativos pues hacen que otras personas se cuestionen el valor de la integridad. El ser íntegro, que debería ser lo normal, se convierte en lo novedoso y extraordinario.

Un ejemplo de integridad que recientemente llamó mi atención fue una historia que vi contar en un video al General Hugh Shelton. El General se disponía a volver a su casa después de un largo día de trabajo con dos maletines cargados de documentos de trabajo. Cuenta que según salía del edificio comenzaba una tormenta y empezaba a diluviar. Su conductor habitual había sacado el coche del cobertizo, le saludó firmemente y esperaba que el General entrase en el coche. El General Hugh le dijo "Pete, ya conoces las normas que prohíben el uso de vehículos gubernamentales para ir de casa al trabajo y viceversa". Y así fue como el General volvió andando a su casa con las dos maletas mientras llovía.

Al siguiente día, de nuevo en el trabajo, a eso de las 10 de la mañana sonó el teléfono. Era el Almirante Smith. Antes de que el General pudiese decir una palabra, el Almirante le dijo: "He escuchado que fuiste andando bajo la lluvia a casa la pasada noche y que no cogiste el coche". El General respondió "Es cierto Ray, no cogí el coche porque va contra las normas". El hecho de que el General hiciese lo correcto en lugar de lo incorrecto se había extendido por toda la Costa Oeste, dando ejemplo de una gran integridad. Fue un claro ejemplo de compromiso moral, inquebrantable e intachable. Eso sí que es liderar con el ejemplo.

> *"De entre todos los rasgos que un líder puede tener, liderar con el ejemplo es el único común en todos."*

La importancia del ejemplo

Liderar mediante el ejemplo es liderar desde el ser genuino y auténtico. Es liderar desde la más absoluta naturalidad y creencia, con lo que se gana una gran confianza y sirve de poderosa herramienta a la hora de influir en el comportamiento y en los pensamientos de los demás.

El ejemplo implica acción y la acción y sus hechos están por encima de las palabras. No hay mejor manera de guiar en una clara dirección. Es una invitación y un reto a los demás a colaborar y comportarse alineados con los objetivos, la cultura del grupo y la empresa y todo ello en beneficio mutuo.

El ejemplo no sólo demuestra las palabras de un líder. También demuestra la convicción en sus pensamientos por medio de sus actos. En cambio las personas que dicen una cosa y luego hacen otra pierden credibilidad. Y esta es difícil de recuperar.

Por ello, un verdadero líder debe ser absolutamente consciente y revisar con frecuencia su comportamiento. Los seguidores aprenden e imitan el comportamiento de un líder. El influir positivamente en los demás y guiarles hacia su máximo potencial es una gran oportunidad y una gran responsabilidad.

El equipo crece. Cuando un líder trabaja con el ejemplo, inspira al equipo. Es un enorme estímulo cuando vemos a alguien que hace lo que podría entenderse como difícil o complicado, o cuando pudiendo tomar otra dirección más sencilla no lo hace y se mantiene fiel a lo correcto. La mayoría de las personas adquieren un compromiso mucho mayor y por decisión propia, desde el momento que ven un auténtico ejemplo en otra persona. Lo extraordinario es que ese compromiso propio les da, a quienes lo adquieren, acceso a cotas profesionales más altas. La acción del líder refuerza la disciplina y el ánimo del equipo y el resultado propicia la superación.

El ejemplo de la disciplina

Otro de los valores a través del que se puede predicar con el ejemplo es el de la disciplina. Entiéndase por disciplina como el compromiso con un propósito.

Uno de los primeros proyectos en los que participé fue sin duda, el más estresante de todos. El nivel de estrés era máximo hasta llegar a unos niveles en los que mi ética me impedía pedir más al equipo. Pronto me di cuenta que animar o retar a los miembros del equipo perdía su efecto en pocos días. No era suficiente. La exigencia era tan alta que ni el reto ni el apoyo eran suficientes. No encontré otra alternativa que la enfocarme en el proyecto a nivel personal, dando mi máximo esfuerzo en mis tareas, sin exigir más de lo normal a los demás.

Así fue como accidentalmente encontré la más poderosa de las alternativas. Cuando me centré al máximo en mi trabajo, transmití un profundo compromiso con el esfuerzo y el resultado. El equipo fue testigo de mi compromiso y sintió interés en explorar y experimentar algo que debía merecer la pena, al menos así lo debía ser para mí.

Habitualmente el equipo puede percibir un ambiente de inspiración y seguridad donde pueden fácilmente crecer. Un entorno donde cada persona es libre de comprometerse con su esfuerzo y sus resultados.

Y fue de ese modo como encontré y comprendí de manera imprevista el significado de liderar mediante el ejemplo. El equipo pasa de desarrollar y ejecutar tareas a expandir sus límites en un ambiente de inspiración y compromiso.

El predicar con el ejemplo se convirtió, en mi experiencia, en la acción más poderosa posible. El ejemplo estimula a los demás porque no es una imposición, es una decisión de cada uno a unirse a ese espíritu de trabajo. Es únicamente por su compromiso personal como se contribuye a la creación de un ambiente de gran confianza y colaboración. El ejemplo fue capaz de convertir las relaciones entre personas en algo más poderoso que las responsabilidades individuales del proyecto.

Sin duda alguna, la herramienta de liderazgo más poderosa que existe, es tu propio ejemplo personal. Es la que menos cuesta y la más honesta de todas. Es la que se demuestra haciendo, en lugar de hablando.

> *"El ejemplo es, sin duda alguna, el mejor estilo de liderazgo posible."*

Consejos para dar ejemplo

Liderar mediante el ejemplo no es duro, aunque requiere ganas, esfuerzo e intencionalidad. Consiste en actuar consistentemente bajo el paraguas de valores clave como la Integridad y la Disciplina. Conlleva el dicho popular de predicar con el ejemplo, "hacer más y hablar menos". Si hay unas normas, el líder las cumple el primero, no las rompe. Si pides a alguien hacer algo, los demás también saben, que sin ninguna duda, tu mismo no tendrías ningún problema en hacer esa tarea.

Cuando quieras liderar con el ejemplo:

- Cuida lo que dices porque tendrás que hacerlo.

- Cuida lo que haces, tal vez dijiste lo que ibas a hacer y necesites recordártelo.

- Compara tus valores con lo que haces, debe haber una coincidencia total.

- Ten la valentía suficiente cuando sea necesario. Liderar es una responsabilidad.

> *"Las palabras pueden ser bonitas, pero lo que contagia al equipo es el ejemplo."*

La fortaleza de saber decir no

Liderar con el ejemplo es trabajar, vivir y actuar con responsabilidad. Consiste genéricamente en decir lo que vas a hacer para luego irremediablemente hacerlo. Si es fundamental hacer aquello que nos hemos comprometido a realizar, a la misma altura está ser capaz de –decir no-, cuando todo nos empuja a -decir sí-. Implica que cuando no puedas cumplir o comprometas otros resultados, tengas el arrojo de decir "no".

"No hay peor ejemplo para un equipo que decir –sí-, cuando todos sabemos que –no-"

Fue Warrent Buffet quien hace un tiempo dijo: *"La diferencia entre la gente de éxito y la gente de mucho éxito es que la gente de mucho éxito dice –no- a casi todo".*

La incapacidad de decir -no-, impacta negativamente a quien lo dice y por tanto a la empresa. Tener la capacidad de decir "no" nos permite centrarnos en lo que sí se puede para obtener mejores resultados.

La habilidad de un líder de ver aquello que no puede ser realizado le salva de caer en la trampa. Decir –sí- es evitar el siempre incómodo momento que conllevaría decir –no-, para crear un momento posterior en el que tendremos que decir -hemos fracasado-.

Es nuestro deseo de agradar a los demás lo que nos empuja a decir -sí-. Decimos –sí- con la mejor de las intenciones y con ello lo que estamos dando es un ejemplo de irresponsabilidad.

Nos sentimos obligamos a decir -sí- porque tememos que nuestra imagen profesional decrezca. En otras ocasiones decimos –sí- por puro miedo a posibles consecuencias, muchas veces desconocidas.

Solemos decir –sí- a la mayoría de las propuestas, a pesar de saber que no lo haremos en el nivel que se espera. Es como si estuviese prohibido decir –no- y por tanto decimos –sí- a hacer y en el fondo sabemos que decimos "no" a hacerlo en tiempo, forma, calidad, etc. Decir –no- está acompañado del sentimiento de culpabilidad.

Decir "si" cuando deberíamos decir "no":

- Compromete el resultado de otros proyectos.

- Nos cuestiona como profesionales.

- Perjudica al negocio.

- Nos impide liderar con el ejemplo, rasgo común en todo líder.

Para conseguir los mejores resultados, tenemos que tener claro lo que –sí se puede- para ser capaz de decir –no- a:

- lo que no se puede,

- a lo que no es suficientemente importante o

- a lo que comprometería los resultados de otras cosas a las que previamente dijimos –sí-.

Decir –no- a grandes oportunidades personales, para el equipo o la empresa es altamente difícil, aunque más difícil es liderar con el ejemplo cuando decimos –sí– y todos sabemos que se producirán resultados adversos.

En nuestras ajetreadas vidas, decir –sí– debería implicar decir –no– a otra cosa. Necesitamos cierto margen en nuestra vida para dedicarnos a las cosas que son más importantes, con las que previamente nos hemos comprometido y con aquellas que fundamentalmente tenemos que cumplir.

Steve Jobs, dijo: *"El enfoque consiste en decir no".* Una agenda apretada puede comprometer nuestros resultados. No hagas más que aquel trabajo por el que te puedas comprometerte a sacar el mejor resultado, a pesar de que puede ser muy persuasiva la idea de hacer más cosas e incluso mejores. Es necesario desarrollar la habilidad de decir –no– para permanecer centrados y enfocados en las tareas que –sí– podemos hacer o con las que previamente nos comprometimos.

Decir –no– incomoda a quien lo dice y especialmente a quien lo escucha. Cuando alguien se moleste será porque probablemente no ha reflexionado sobre la importancia de decir –no–.

Consejo para decir –no–

Decir –no– es culturalmente agresivo. Siempre es un momento difícil porque nos hace pasar un mal rato. Como poco tendrás que dar un montón de argumentos. Un truco. Enumera tus motivos y cuando llegue el momento no los digas todos. Déjate alguno para el final. ¿Por qué? Cuando damos todos nuestros motivos, dejamos la última palabra en la otra persona. Esta, siempre tendrá un motivo por el que deberías decir –sí– y psicológicamente, la persona que dice la última palabra hace parecer que tiene mayor razón. Así que, déjate algo para echar más peso al final de la discusión.

Como líder, debes enseñar la actitud necesaria con tu ejemplo

Decir –no- conlleva un altísimo grado de conciencia y responsabilidad. Es una de esas habilidades por las que un líder puede liderar mediante el ejemplo.

Es un extraordinario ejemplo de liderazgo el saber decir "no". Conlleva una evaluación profunda de nuestras posibilidades y después el resultado es pasado por los tamices de la coherencia, la honestidad y de nuestra responsabilidad.

Parece sencillo, pero a pesar de ser dos palabras totalmente distintas, sí y no, con significados diferentes, habitualmente sólo usamos –sí-.

Un líder resuelve problemas, no los suele crear y cuando decimos "sí", habitualmente creamos más problemas.

"Saber decir –no- demuestra responsabilidad, coherencia y honestidad".

Para finalizar

El ejemplo construye una base de confianza. La confianza es esencial para un buen ambiente de trabajo. Las acciones hablan por sí mismas. Las acciones son evidencias mientras que las palabras pueden quedarse sólo en palabras. Las palabras sirven para cumplir o para no cumplir mientras que las acciones siempre muestran actitud. El ejemplo es la mejor de todas las actitudes.

Parte del trabajo de un líder es inspirar a los demás para llevarlos a alcanza su máximo potencial en el desarrollo de los proyectos. El mejor camino es el que se enseña mediante el ejemplo. Ya lo conoces. Ahora toca mostrarlo. Comienza a practicar con el ejemplo y cumple con tu palabra de manera recta e intachable.

Conclusión

Cuando se lidera con el ejemplo se gana el respeto. El ejemplo inspira a seguirte y a hacer un gran trabajo. No hay trampa. Tu ejemplo demuestra tus hechos. Tu ejemplo indica que sólo pides aquello que todos saben que tú también harías, no pides lo que no harías.

Nada es tan contagioso como el ejemplo. No hay mejor enseñanza que el ejemplo. Los grandes ejemplos se demuestran cuando mayor es la dificultad.

Es sorprendente ver cuánto aprecio y compromiso se puede llegar a ganar cuando haces lo que dices. El ejemplo actúa de guía para ellos. Mediante el ejemplo se aporta claridad y sentido a aquello que a primera vista es complejo y difícil para los demás.

La dedicación enfocada y silenciosa tiene el reconocimiento interno de los demás. No en vano, en muchas ocasiones estarás trabajando en esas situaciones donde no parece que los demás estén deseando participar e invertir su esfuerzo y eso también tiene su reconocimiento.

Sentirás verdadera satisfacción en mostrar a los demás mediante tu comportamiento, el concepto de "liderar con el ejemplo". No hay mayor satisfacción que ganarte el respecto de los demás en esas situaciones difíciles en las que liderar mediante el ejemplo resulta la única opción de éxito posible.

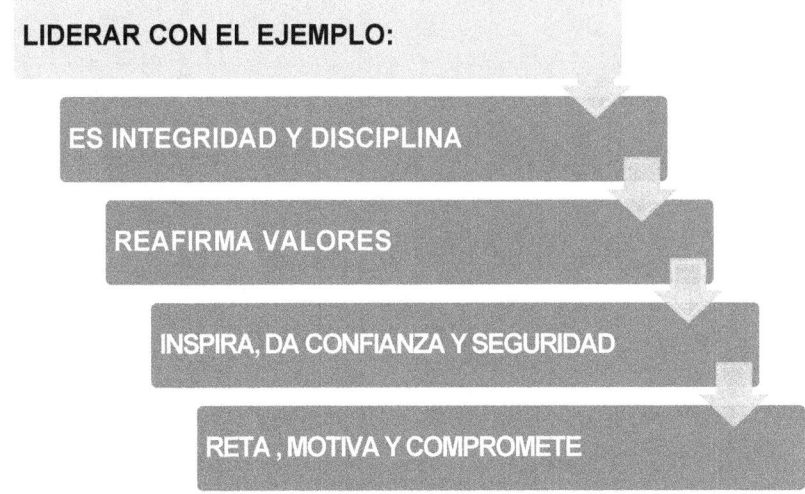

LA INTENCIONALIDAD, CLAVE EN TODO LÍDER

"Es sólo a través del proceso de nuestra actitud intencional como alcanzamos nuestras metas, no como resultado de la fortuna."

La intencionalidad

Desde que comencé a esbozar el libro tuve claro que esta sería la última de las claves. Si tuviese que decantarme por una de las siete claves, sin duda me decidiría por la intencionalidad. La intencionalidad es una actitud en letras mayúsculas y la actitud se dice que lo es todo.

La intencionalidad es la actitud y la estrategia más poderosa que nunca podrás emplear. Los proyectos más complejos no serían posibles si fuesen responsabilidad de aquellos que piensan "esto es imposible".

La intencionalidad es un poderoso concepto que va mucho más allá de la gestión de proyectos. Es un concepto inseparable entre vida y profesión. Es aplicable a tu trabajo diario y también a tu vida en general. La intencionalidad te garantiza los mejores resultados. Permíteme que lo repita otra vez, la intencionalidad te garantiza los mejores resultados.

Un líder intencional es el que actúa según sus valores más profundos, valores que han sido fruto de su reflexión. Esa reflexión es la que te hace apartarte de la vida mecánica. Te aparta de la vida en la que no te cuestionas nada y en la que sigues haciendo las cosas que crees que se esperan de ti y de la manera que siempre se han hecho.

La intencionalidad por tanto, requiere esfuerzo. Ese esfuerzo es en muchas ocasiones ya, un elemento que te diferenciará de los demás. Primeramente precisa reflexión. Requiere pasar del estado de los sueños a un nivel de mayor detalle y sobre todo requiere acción. Un líder intencional tiene claro que para llegar a serlo se requiere de un gran esfuerzo y, lo principal, que está dispuesto hacer todo lo necesario para conseguirlo. Ser intencional consiste en que tu comportamiento refleje tus creencias constantemente. La reflexión se encargará de filtrar tus experiencias convirtiéndolas en las mejores decisiones.

Es una poderosa actitud de convertir las cosas que quieres en realidad. Es un compromiso contigo y con los demás. Es ser un experto en hacer realidades. Se requiere empeño desde el mismo principio. Es una forma de trabajo que te permite garantizarte, que sea lo que sea, lo vas a hacer.

Ser intencional quiere decir que después de reflexionar, has determinado lo que sería mejor conseguir, que posteriormente lo has planificado y finalmente así lo has hecho. Hacerlo una vez tras otra es ser intencional.

> *"El deseo de ganar no tiene valor sin la aplicación de la intencionalidad."*

Ventajas de la intencionalidad

- Conlleva alcanzar todos los objetivos que te plantees.

- Posibilita alcanzar lo que la mayoría no consigue.

- Permite crecimiento constante.

- Produce nuevas y mejores ideas.

- Favorece nuevos y mejores resultados.

- Ayuda a mejorar tu estrategia.

- Facilita la mejora de tus procesos.

- Mejora tu eficacia.

La intencionalidad te lleva a mejorar continuadamente. Es un hábito de motivación constante. Primero la reflexión te ayuda a aclarar tus pensamientos, a entender qué quieres hacer y por qué quieres hacerlo, cómo te va a ayudar y finalmente haces lo que te has propuesto. Mientras más haces realidad tus pensamientos, más y mejores ideas se te ocurren, porque constantemente aplicas práctica y por tanto ganas experiencia.

La intencionalidad, al requerir acción, nos aporta experiencia y por tanto nos permite seguir mejorando y creciendo. La intencionalidad conlleva práctica para ganar experiencia y el combustible que lo posibilita es la acción. Cuando te mueves, estás más cerca no sólo de aquello que quieres alcanzar, sino de otras posibilidades que hoy todavía no puedes imaginar. La acción te saca de donde estás todos los días y te ofrece nuevas y mejores oportunidades.

La intencionalidad es un compromiso y la calidad de tus compromisos determinan el nivel de tu liderazgo. Un líder intencional toma posesión de los resultados del proyecto antes de que estos se produzcan.

> *"La intencionalidad es el puente que une donde tú estás con lo que quieres conseguir."*

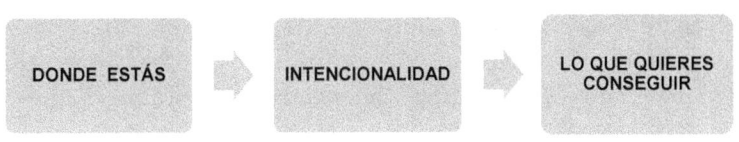

La intencionalidad en el proyecto

Un líder demuestra su intencionalidad con hechos. Construye un equipo confiado y seguro porque sus miembros conocen la determinación del líder a realizar cualquier cosa que sea necesaria. Todo lo hace con gran intencionalidad, hace uso de las fortalezas de cada uno, conecta con todos, empodera a los miembros del equipo, escucha a cada persona, etc., todo lo que hace lo hace con la mayor voluntad, determinación y consciencia posibles. Lo hace intencionalmente porque es la manera de conseguir los mejores resultados.

La intencionalidad en los proyectos es aplicable a todos los aspectos de estos ya que es en sí, una actitud.

Por ejemplo:

- En nuestro trato con las personas implicadas en el proyecto, necesitamos ser intencionales. Lo somos cuando trabajamos con el cliente, reflexionando primero y posteriormente cuando llevamos a la práctica la estrategia que más nos ayude a conseguir el mejor producto o servicio para ese cliente particular. Lo somos cuando trabajamos con el equipo y nos entrevistamos con cada uno de sus miembros, buscando extraer lo mejor de cada encuentro o cuando nos decidimos por posibilitar la formación que más valor aporte a cada miembro, por citar algunos ejemplos.

- Cuando antes de cualquier encuentro te planteas:

    o ¿Qué quiero que sepan?

    o ¿Qué quiero que sientan? y

    o ¿Qué quiero que hagan?,

estás siendo intencional.

- Cuando tomamos decisiones sabiendo el resultado que buscamos y la manera de conseguirlo.

- También cuando propiciamos el mejor ambiente de trabajo pensando en los demás. Es hacer actividades fuera del proyecto, es tomar algo, invitar al cine, tener un detalle inesperado o celebrar el esfuerzo con el equipo.

Ser intencional no es hacer por hacer, no es hacer por posibilitar la acción. No es un acto heroico, es un acto meditado. Es necesaria la previa reflexión y después sí, aplicar la acción. La intencionalidad, sin duda, es hoy todavía, un enorme elemento diferenciador competitivo.

> *"Un líder intencional desafía los retos porque los diseña conscientemente y consigue los mejores resultados porque está confiado y comprometido con sus decisiones."*

La realidad más común en los proyectos

La gestión de proyectos tradicional (management) cuenta con un alto grado de mecanización. Además, en ocasiones se puede decir que acepta los resultados porque no propone nuevos ámbitos de mejora más allá de los puramente técnicos y específicos de su campo. No hace suficiente por mejorarlos. No se plantea cómo mejorar fuera de lo estrictamente técnico, del management. La gestión de proyectos a través de un liderazgo intencional busca resultados que añadan valor marcando la diferencia y alcanzando mejores resultados. Un líder de proyectos intencional parte de la imagen final del producto o servicio para centrarse en el liderazgo del equipo, usando las fortalezas de este. El líder se centra en el crecimiento del equipo y en el propio como propósito, mientras que en el management, pocos jefes de proyectos se plantean al equipo como el gran valor del proyecto y quienes lo hacen esporádicamente, no son constantes ni intencionales. Cuando prevemos una manera de añadir valor y pasamos de esa idea a su conversión en hechos, es cuando alcanzamos el nivel intencional. Ese es el nivel superior en el liderazgo de proyectos. Cuando nos volvemos intencionales, buscamos y encontramos cómo alcanzar nuestros propósitos y la acción los hace realidad.

> *"El liderazgo comienza en uno mismo y la intencionalidad es su guía."*

Cuando actuamos sin intención ni propósito, nada cambia. Seguimos a la misma distancia de alcanzar nuestro verdadero potencial. Es importante diferenciar intencionalidad y propósito con "estar ocupados". Estar ocupados no conlleva ni intencionalidad ni propósito. Estar ocupados es trabajar mucho sin plantearnos si lo que hacemos es lo mejor que deberíamos hacer. No nos lo planteamos porque lo aceptamos. Somos robots en lugar de intencionales. Es determinante saber qué queremos alcanzar y por qué, para después diseñar cómo lo vamos a conseguir. Así es como empezamos a separar lo que nos hace estar ocupados con lo que es verdaderamente importante. Posteriormente la acción materializa la intención. Muchas veces nos mantenemos ocupados, pero no tenemos intención, seguimos en el reino de los sueños que es el lugar donde no existe la acción.

La intencionalidad refuerza nuestros pensamientos porque la acción repetida nos proporciona la mejor experiencia para dar lo mejor de nosotros y alcanzar nuestro máximo potencial.

La intencionalidad es acción

La intencionalidad es el mayor enemigo del clásico "modus operandi", de que "las cosas siempre se han hecho así", al "ya veremos que hacemos". Es el espíritu de la acción controlada e intencionada.

La intencionalidad no son sueños. No es un "tal vez …", "algún día …", "me gustaría …" Es ¡voy a hacerlo, no hay duda! y estoy comprometido con la acción que me llevará a conseguirlo. Los sueños son sueños, no implican acción. Los sueños se relacionan demasiadas veces con dormir. En cambio la intencionalidad va de la mano de la acción. Requiere esfuerzo y constancia aunque valdrá la pena porque se producen mejores resultados, entusiasmo y satisfacción.

> *"La intencionalidad es el ineludible compromiso de un líder con sus resultados futuros."*

Cuando no somos intencionales, hacemos las mismas cosas de siempre, sin embargo, la intencionalidad nos obliga a pensar en el por qué, qué y cómo. Después requiere de la acción que materializa la intención. Ser intencional una vez, garantiza buenos resultados esa vez, ser un líder intencional garantiza los mejores resultados siempre.

La falta de intencionalidad, un mal en nuestra sociedad

Un reciente estudio del Wall Street Journal ha concluido que el 80 % de los trabajadores y el 50% de los ejecutivos se sienten insatisfechos con su vida laboral. Esto pone de manifiesto el enorme reto que muchas personas deberían proponerse, mejorar su vida laboral y por extensión su vida personal.

Se puede entender que una grandísima parte de la población carece del suficiente grado de control sobre el devenir de sus vidas. Vivimos una vida auténticamente mecanizada. Hacemos lo que se espera que hagamos y no nos planteamos lo que verdaderamente nos gustaría hacer. No nos cuestionamos esta actitud, por eso no vivimos una vida basada en nuestras propias decisiones. Entonces, algo habrá que cambiar ¿no?

No es culpa nuestra. En nuestra sociedad primero pasamos por una serie de niveles formativos desde el colegio hasta la universidad incluyendo másteres entre otros. Hacemos lo que nos marca la sociedad y no nos planteamos nada distintos. Se espera que estudies para luego hacer lo que otros digan, para de ese modo conseguir trabajo.

Este modo de funcionar ha sido útil durante muchas décadas, sin embargo, en la actualidad, vivir con el piloto automático es un autentico desastre. Hoy en día el camino ya no es tan evidente. Es el momento en la historia que sentimos con más posibilidades. Podemos soñar con cualquier logro profesional y con empeño podemos conseguirlo.

Lo cierto es que para ello, se requiere algo distinto a seguir funcionando con el piloto automático. Es necesario un mayor esfuerzo por parte de todos. Se requiere ser intencional porque las grandes cosas no suceden por accidente o siguiendo el patrón que antes servía.

Debemos mantener una actitud intencional de cambiar aquellas cosas que queremos cambiar. Por decirlo de otra manera. Es una reprogramación o actualización de nuestro sistema operativo cambiando algunas cosas que hemos decidido cambiar, entre ellas y la primera, nuestra actitud autómata a favor de otra actitud más responsable y en definitiva, más intencional.

¿Cómo combate la intencionalidad a la insatisfacción de tu vida laboral de la que hablaba al comienzo de este apartado? Cuando eres intencional estás diciéndote que te valoras enormemente, crees en ti y estás deseando materializar cosas importantes. Estás reconociéndote el gran potencial que atesoras. Es el compromiso personal que acuerdas contigo mismo. El de avanzar, mejorar, evolucionar y en definitiva renunciar a convivir con el piloto automático.

"Las acciones de los hombres son las mejores interpretaciones de sus pensamientos."
- John Locke

Mejora de nuestro potencial ¿accidental o intencional?

Ser intencional quiere decir hacer que las cosas sucedan como resultado de nuestro propósito y acción. Conlleva reflexionar, planear y actuar. De estas cualidades, es habitualmente la acción la que marca la diferencia. Es la cualidad que hace que las ideas pasen a ser realidades. Y habitualmente estas realidades se convierten en nuevas reflexiones. De este modo, el ciclo se retroalimenta.

Accidentalmente puedes tomar una decisión acertada y tener éxito, sin embargo, de esta manera accidental no se alcanza el máximo potencial, sólo se gana una vez. El máximo potencial únicamente se puede alcanzar siendo consciente y actuando intencionalmente con un propósito en mente y fruto de nuestro empeño y energía.

Todos esperamos que sucedan cosas. Todos pensamos que accidentalmente pasen grandes cosas. Lo cierto es que simplemente desear o esperar que algo se materialice no hace mucho para que así suceda.

Sin embargo, cuando invertimos el tiempo en actuar intencionalmente, las posibilidades de que lo que deseábamos suceda, aumentan exponencialmente. Te conviertes en una persona más consciente y actúas en consecuencia a tus pensamientos, alcanzado los resultados deseados. Como puedes imaginarte, el concepto de la intencionalidad transciende el ámbito profesional, pero es que el concepto de líder también se extiende a todos los ámbitos de tu vida. Lo mismo ocurre cuando obtenemos malos resultados, estos también trascienden a nuestra vida personal, ¿no?

Uno de los grandes motivos por los que la intencionalidad funciona es porque te ayuda a centrarte en lo verdaderamente importante. Te ayuda a visualizar aquello que no es relevante y te permite enfocarte en aquello que aporta valor real. No en vano es fruto de la autorreflexión consciente y consistente.

Por eso, si intencionalmente aplicas:

- un estilo de liderazgo que incluya a las personas (Clave 1), estarás transmitiendo que todos importan,

- si buscas conocer la historia de cada persona (Clave 2), estarás creando una relación muy sólida,

- al crear una visión compartida (Clave 3), estarás ayudando a exceder las expectativas del proyecto,

- cuando empoderas al equipo (Clave 4), el equipo gana autonomía, ayudas a crear más líderes y tu podrás afrontar nuevas responsabilidades,

- si verdaderamente escuchas (Clave 5), estarás creando un ambiente de trabajo de seguridad, confianza y abierto a la innovación,

- al liderar con el ejemplo (Clave 6), el equipo se ve inspirado y entonces busca alcanzar su máximo potencial, que es superior al que tú y ellos piensan.

Por eso decía que considero a la intencionalidad la clave fundamental. Es la que hace que todas las otras se hagan realidad y por tanto, alcances tu máximo potencial y los mejores resultados posibles. Cuando lo asimiles y pase a ser tu hábito personal, te podrás convertir en un líder intencional. Piensa en lo que quieres, encuentra cómo hacerlo y hazlo. No es un sueño ni son ideas sin más. La intencionalidad conlleva acción y el premio son los resultados.

"La dificultad se encuentra no tanto en desarrollar nuevas ideas, sino en escapar de las viejas"
-John Maynard Keynes

¿Cómo puedo beneficiarme de la intencionalidad siempre?

Espero estar pudiendo transmitirte la importancia del concepto de la intencionalidad, pero tengo que darte una mala noticia. Tu subconsciente perjudica a tus resultados y a tu vida. Tu subconsciente no te permite ser intencional la mayor parte del tiempo por lo que los buenos resultados corren el riesgo de ser muy puntuales.

Una profunda investigación llevada a cabo por neurocientíficos ha determinado que alrededor del 95% de nuestras decisiones diarias son tomadas por nuestro subconsciente. Y sólo el 5% son determinadas por nuestro consciente. Es sorprendente ver que no somos tan lógicos como pensábamos. Nuestro piloto automático funciona el 95% del tiempo. El Dr. Lipton sugiere que nuestro subconsciente trabaja a una velocidad de 40 millones de bits por segundo mientras que nuestra parte consciente lo hace a tan solo 40 bits por segundo. Nuestro subconsciente es por tanto un enorme ordenador con una inmensa base de datos que contiene nuestras experiencias y nuestro conocimiento y en base a ello decide a gran velocidad.

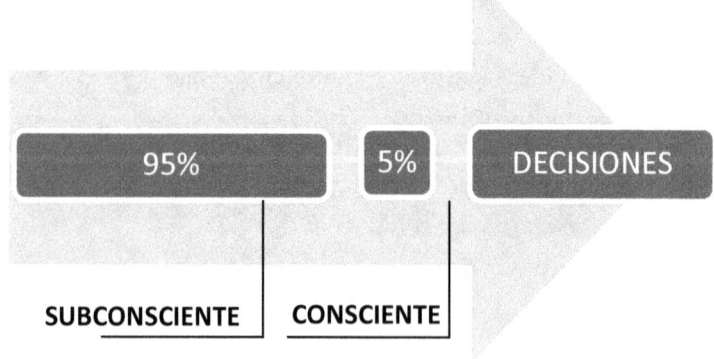

Determinación de nuestras decisiones.

Nuestro subconsciente es quien nos gobierna y eso quiere decir que corremos el riesgo de ser muy poco intencionales. Para ser más exactos, en un 5% de nuestras decisiones como máximo.

Nuestro subconsciente es muchísimo más poderoso que nuestra mente consciente. Por tanto, es nuestro subconsciente quien determina en mayor medida quiénes somos, qué hacemos y qué alcanzamos. Es por así decirlo, quien determinada nuestros logros.

Con estos datos queda de manifiesto, que si queremos cambiar nuestra realidad, tendremos que trabajar sobre nuestro subconsciente de manera que lo hagamos actuar como a nosotros más nos interese. Para ello, podemos implementar el concepto de la intencionalidad en nuestro subconsciente, sobrescribiéndolo y consiguiendo constantemente aquello que nos propongamos.

Desarrollar el hábito de la intencionalidad constante

Nuestros pensamientos determinan nuestros resultados finales. Pero como hemos visto, estamos dominados por nuestro subconsciente.

Como ves en la imagen siguiente, es en nuestros pensamientos donde comienza el ciclo, siendo los responsables de nuestra actitud. Nuestra actitud determina nuestras acciones. Nuestras acciones producen los resultados que conseguimos. Según este ciclo pensamientos-actitud-acciones-resultados, son los pensamientos la parte determinante de nuestros resultados. Así que cambiando nuestros pensamientos, estaremos actuando sobre nuestro subconsciente y por tanto nuestros resultados podrán ser mejores.

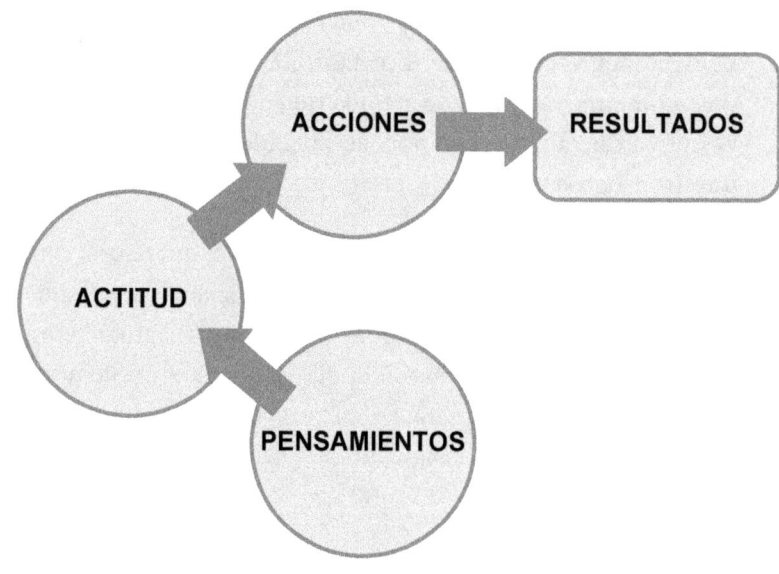

Ciclo pensamientos-resultados.

Me resulta de enorme valor y muy inspiradora la siguiente cita otorgada a Confucio: "Aquel que dice que puede y aquel que dice que no puede; normalmente ambos tienen razón". ¡Qué gran cita! con la que estoy seguro que tú también te identificas. Demuestra que lo fundamental es nuestro pensamiento, es el arma más poderosa. Después el poder o el no poder, no es más que una cuestión de actitud.

"Cualquier cosa que la mente pueda concebir y creer, la mente lo puede conseguir."
- Napoleon Hill

Si queremos cambiar nuestros resultados debemos trabajar sobre nuestros pensamientos. Los líderes de proyectos que vemos que obtienen mejores resultados en todo aquello que afrontan, alcanzan su más alto nivel por la calidad de sus pensamientos. Sus pensamientos son el motor. No son autómatas, han forjado su subconsciente de manera intencional, de la manera que quieren para obtener lo que quieren. Debe quedar claro que no es por tener mayores habilidades o incluso mayor experiencia, sino por la mentalidad que han creado.

"La mitad de este juego es 90% mental."
- Danny Ozark

Lo que a priori requiere menos trabajo es hacer las cosas como siempre se han hecho o como las hacen los demás. Pensar igual y no mejorar nada. Si no construimos un subconsciente de manera intencional entonces nuestros pensamientos serán normales y por tanto, nuestros resultados serán a lo sumo normales. Debe haber una intencionalidad en la modificación de nuestros pensamientos para obtener grandes resultados.

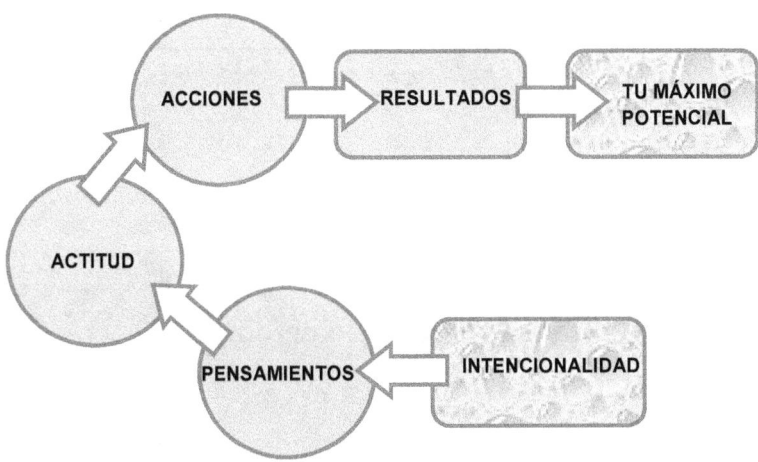

Estamos hablando de la posibilidad real de que alcances tu máximo potencial. Todo apunta a la alta probabilidad de llegar a tu máximo desarrollo si actúas sobre tus pensamientos para que el subconsciente que decide el 95% de nuestras decisiones sea más eficaz. Conforme más te esfuerces en ser intencional en tu pensamiento y en tu actitud con mayor asiduidad irá empleando la intencionalidad tu subconsciente.

Implica intención y reflexión en lo que estás haciendo para ir modificando tus pensamientos ¿Has oído alguna vez que para interiorizar un hábito se requieren veintiún días? En realidad es una cifra y nada más. El significado es que es cuestión de tiempo, en el que consciente y consistentemente se debe trabajar sobre aquello que quieras modificar o integrar en tus pensamientos para que se materialicen en mejores resultados. Por lo general, lo que alcanzamos no es cuestión de genética, sino fruto de nuestros pensamientos, nuestra actitud y nuestras acciones.

> *"Nuestras acciones reflejan nuestra actitud, la cual muestra nuestros pensamientos."*

La adaptabilidad de nuestro cerebro

Un líder escribe y diseña su propia historia y ayuda a los demás a hacer lo mismo. La mayoría simplemente aceptamos la vida. Es cierto que tenemos buenas intenciones e incluso grandes sueños. Pero eso no cambia nada.

Quizá pienses que no podrás reescribir tu subconsciente. Tengo una buena noticia para ti. La creencia de que la inteligencia es algo fijo es un error. El cerebro humano es extraordinariamente plástico. Continuamente se reorganiza como consecuencia de la interacción con el entorno. Es decir, podemos aprender y pasar a absorber como algo nuestro y parte de nuestro ser, infinidad de cosas. La clave pasa por la repetición para alcanzar una mecanización. Es decir, la gran plasticidad de nuestro cerebro le permite adaptarse a la estimulación del entorno.

Aprender es un proceso diario cuando analizamos y comprendemos nuestro entorno. En una entrevista de Eduard Punset, a la neurocientífica Sarah Blakemore, se concluía sobre la plasticidad del cerebro que: "el cerebro es capaz de cambiar su estructura y configuración al ritmo de su entorno". Se deduce que el cerebro es moldeable y se puede adaptar a las necesidades.

Los estudios han concluido que una nueva actitud, positiva o negativa, envía mensajes a nuestras células de manera que se produce una reprogramación de nuestro comportamiento, afectándonos en todos los niveles, tanto a los mentales como a los de salud.

Definitivamente espero que te decidas a controlar la primacía de tu subconsciente, que determina el 95% de tus decisiones, y lo reajustes para alcanzar tu máximo potencial.

Una formula genérica de ser intencional

Ser intencional es conseguir aquello que te has propuesto y que has determinado que es mejor. Pero quizá te preguntes si hay una fórmula. A pesar de que cada propósito tendrá sus particularidades y de que en sí, la intencionalidad es en realidad una actitud, he creído que te gustaría conocer una serie de pasos para conseguir lo que te propongas. Pero recuerda que la clave no son los pasos, sino la actitud intencional.

La intencionalidad, como actitud que es, empieza y termina en ti. Es única y exclusivamente responsabilidad tuya. Mis consejos, se dividen en tres apartados de reflexión, tres de acción y dos de recompensa:

Para la reflexión:

1. Conciénciate de que puedes cambiar los patrones que te han guiado durante años. No pierdas más tiempo y decídete a poner manos a la obra. No tienes que pedir permiso por "pensar fuera de la caja", especialmente no lo pidas a los que no quieren que nada cambie. Incluso mejorar aterra a muchas personas.

2. Examina el medio en el que te mueves. Te darás cuenta como nuestras decisiones siguen los patrones pre-establecidos y cómo estos te afectan. De ese modo podrás cuestionarte algunos de ellos y cambiarlos. Probablemente te sentirás en la absoluta soledad, pero eso ya lo sabías.

3. Decide tus propósitos de cambio. Cuáles son y por qué quieres cambiarlos. La mayoría deberían ir en consonancia con tus habilidades para obtener mejores resultados. A veces te parecerán tonterías, en ese caso piensa de qué forma negativa te habrá afectado esa decisión en el futuro, pongamos dentro de tres años. Hasta aquí, han sido los tres pasos de la reflexión.

Para la acción:

4. Planifica y diseña la acción. Ponte objetivos y descomponlos en pequeñas tareas, claras y alcanzables. Ejecuta una tras otra.

5. Acción. Sigue el plan y no lo dejes. Retócalo cuando lo creas conveniente. Nunca sientas decepción ni escuches la crítica, especialmente de los que no han hecho nada nunca.

6. Aprender de los errores. La teoría nos enseña, pero el fallo nos hace avanzar. La acción te dará experiencia y así podrás conseguir los mejores resultados. Cada fallo es una bendición porque podrás adaptarte y mejorar. No te olvides de aprender de los demás.

Para la motivación:

7. Siente orgullo y satisfacción por lo que has realizado y felicítate a ti mismo. ¡Lo he hecho!, ¡lo conseguí!, ¡muy bien!... La satisfacción íntima de lo bien hecho, como se suele decir, no tiene precio.

8. Celebra cualquier pequeño logro. Date un capricho. Te lo mereces, estás avanzando firmemente.

Sería una lástima que no pudieses mejorar y alcanzar, lo que en el fondo te gustaría, simplemente por no ser intencional.

> "*La acción siempre tiene consecuencias, los sueños no. Usa el Teorema de la Experiencia, mientras más practiques mayor experiencia tendrás.*"

Como ayudar a tu intencionalidad

COMPROMÉTETE CONTIGO

AVERIGUA QUÉ ES LO QUE QUIERES MEJORAR Y POR QUÉ

SÓLO RÍNDETE CUENTAS A TÍ, A NADIE MÁS

RESPÉTATE Y CONSIGUE LO QUE TE HAS PROPUESTO

RECUERDA QUE TU LOGRO SERÁ RECONOCIDO POR LOS DEMÁS

Un ejemplo especial de intencionalidad que garantiza resultados

La intencionalidad es aplicable a cualquier propósito. En este caso verás cómo podemos obtener mejores resultados de cualquier situación.

Estudios llevados a cabo en los últimos años sobre biología molecular, entre los que destacan los del ex profesor de medicina de la Universidad de Standford, Dr. Bruce Lipton, han dado un vuelco a las creencias que teníamos. Ha puesto de manifiesto la posibilidad que todos tenemos de mejorar los resultados de cualquier situación mediante el modo en cómo interpretamos aquello que nos suceda.

Nuestra respuesta automática a los eventos (situaciones, hechos) no tiene porqué ser algo malo siempre que nuestro subconsciente fuese entrenado para responder como realmente queremos. El problema es que en muchas ocasiones nuestras respuestas no son las mejores porque no hemos entrenado a nuestro subconsciente. Habitualmente respondemos de modo automático siguiendo los patrones que se espera de nosotros según la sociedad. Nuestro subconsciente actúa siguiendo las normas estándar arraigadas en la sociedad, las cuales no las hemos decidido nosotros.

Bruce Van Horn, (en su libro: 4 Steps to stop worrying and start living) nos viene a decir que:

Que quiere decir que los Eventos (E) que son las cosas que nos suceden y por tanto no podemos controlar, más nuestra Respuesta (R) a ese evento, nos da como resultado el cómo nos sentimos al respecto (O, outcome).

Por ejemplo, imagínate que en medio de un proyecto te quitan a una persona del equipo (es lo que sería el Evento, E), algo que está fuera de tu alcance. Ahora es donde viene la clave. Si te enfadas, como es normal, transmites ese enfado al equipo y a la dirección de manera que creas un mal ambiente y a su vez piensas que siempre te toca a ti y que eres la persona más desamparada y desgraciada, el Resultado (O, outcome) será tu desmotivación y la de tu equipo, el enfado con la dirección y tu propia decepción personal por pensar que es culpa tuya.

Al ser el Evento un parámetro invariable, la única forma de actuar sobre el Resultado (O) es sencillamente modificando nuestra respuesta (R). Si por ejemplo decidimos tratar de buscar algún beneficio por parte de la dirección que compense la pérdida y por otro lado reforzamos nuestro compromiso y nuestra creencia en las posibilidades del equipo y en las nuestras propias, seguramente el Resultado será bastante mejor.

Antes de ser un autentico líder y liderar a otros debes aprender a liderarte a ti mismo. Ya que estás decidido, te animo a que te transformes en un líder intencional. Te aliento a que decidas lo que quieres alcanzar y como consecuencia de ese deseo, hagas lo que tú consideres que debes hacer. Siempre como resultado de tu reflexión para que alcances lo que quieras. Consiste en convertirte en un líder intencional, liderándote a ti no sólo en lo profesional, sino también en lo personal. Cuando los eventos se gestionan de modo mecánico basados en los estándares habituales se obtienen resultados medios. Cuando gestionamos nuestra respuesta a los eventos de manera intencional, después de haber reprogramado nuestro subconsciente a la manera que queremos, los resultados son superiores a la media.

Un líder controla sus emociones para conseguir mejores resultados. Piensa en cuál es el comportamiento más apropiado para responder a cada evento o situación. Alguien así no se deja llevar por las primeras emociones, que en ocasiones son las más devastadoras. Un líder es consciente de su comportamiento en cada momento.

Conclusión

> *"La intencionalidad es la fuerza que convierte cualquier meta en realidad. Parte de la visión, le sigue la reflexión y se materializa con la acción."*

Como ves, la intencionalidad es aplicable a cualquier propósito imaginable. Conlleva reflexión, acción y compromiso.

Conforme te conviertas en un líder intencional estarás deseando desafiar los retos de tu trabajo. Eso será porque lo que haces, lo haces por un motivo concreto y porque sabes que lo vas a conseguir.

Es necesario comprender la manera de pensar que incluye la intencionalidad. Es una reprogramación de tu subconsciente para que pase a ser tu nueva actitud y así alcances lo que te propongas.

Se requiere intencionalidad para crear un hábito y para conseguir cualquier meta que parezca complicada. Si no hay intencionalidad no hay perseverancia por lo que no habrá logro.

De los líderes se espera que lideren. ¿Cómo debemos esperar hacerlo? Debemos hacerlo mostrando una actitud intencional que garantiza mejores resultados y conlleva un ejemplo inmejorable para los demás.

¿Qué te parece ser más intencional? ¿Qué te parece ser más reflexivo en todo aquello que haces para tener mayor control? Consiste en entender qué es lo que quieres y qué es lo que estás haciendo para comenzar a ser una persona intencional.

En el siguiente capítulo veremos sencillos e importantes hábitos a la hora de crear unos fundamentos sólidos para poder asentar el desarrollo de las siete claves. Son sencillos porque el objetivo es que puedas implementar algunos de ellos y así poder mejorar. No serviría de nada presentarte complicados hábitos o difíciles de alcanzar.

4

DISCIPLINAS PARA UNA MEJORA EXPONENCIAL

"La autodisciplina y la perseverancia son los primeros pasos hacia la gran victoria, la victoria sobre uno mismo."

Un líder mejora continuamente

Si hay algo común en todo líder es su determinación a seguir siendo líder. Y para seguir siendo líderes, todos coinciden en las mismas prácticas. Un líder sabe que para ello necesita mejorar y crecer de forma continua. Están motivados por mejorar y ayudar a los demás a mejorar. Reconocen que es sólo a través de ello como pueden alcanzar nuevas cotas de éxito en los proyectos y en sus vidas.

La acción siempre propicia crecimiento. Es a través de la exposición a nuevas experiencias como se garantiza el crecimiento. La mejora te saca de donde estás y casi siempre te lleva a lugares que nunca antes imaginaste. Poe el contrario, la pasividad limita nuestra imaginación y nos atrapa en el mismo lugar. Definitivamente la acción genera más acción y se producen mejores resultados.

La mejora continuada se asienta sobre la aplicación de una serie de disciplinas que son comunes a la mayoría de grandes líderes. En este capítulo vamos a descubrir esas disciplinas.

Disciplinas para una mejora

La persona que seremos en los próximos años depende de las cosas que hacemos en los años previos. La persona que somos hoy, es el resultado de las experiencias que hemos tenido durante los años anteriores. No hay atajos. Todos los días cuentan. ¿Por qué no hacer que los días cuenten como tú quieres?

A todo el mundo le gustaría mejorar. Sin embargo, cuando lo intentamos, lo que solemos hacer es tratar de aprender más sobre los aspectos técnicos de nuestro campo profesional. Para ello invertimos un enorme esfuerzo, pero es más de lo mismo y nuestra mejora no está a la altura de nuestro esfuerzo.

Lo cierto es que mejorar está en nuestras manos. Me he dado cuenta de que mejorar pasa por la aplicación de una serie de sencillas acciones. El resultado de aplicarlas tendrá como efecto la consolidación de pequeños hábitos, paralelos a las siete claves para alcanzar tu máximo potencial, que nos proporcionarán una base con mayor seguridad y confianza.

Solemos pasarlos por alto, sencillamente porque no somos conscientes de su poder. Aunque tal vez, conociéndolos y entendiendo su importancia, te resultará ahora más difícil ignorar estos sencillos hábitos por la exponencial mejora que provocan.

Lo que más nos cuesta hacer es lo que nunca hemos hecho. Y es lo que nunca hemos hecho, lo que más nos aporta. Como todo lo nuevo se requiere de un tiempo y es después de la repetición cuando se comienzan a encontrar resultados.

Te presento los hábitos para construir una base sólida sobre la que apoyar tu liderazgo. Son los hábitos para construir una disciplina de mejora.

"Nadie decide tener un mal hábito, pero es necesario empeño para crear uno bueno".

Hábitos para una disciplina de mejora

Reflexionar: Desconectar de la rutina y pensar en ti. Lo que haces y lo que te sucede. ¿Cómo me siento?, ¿por qué?, ¿qué cosas he conseguido y me siento orgulloso?, ¿qué no he conseguido?, ¿qué cosas me importan y me gustarían mejorar?, ¿a quién puedo ayudar?, ¿dónde no estoy prestando atención?, ¿cómo tengo mi salud? Tu trabajo, tu parte social, tu familia, tu vida en general.

Todo esto te hará entender tu gran POR QUÉ de tus cosas cotidianas y de tu vida en general. Y te ayudará a encontrar dónde quieres hacer algo importante.

Mi pregunta preferida es ¿qué he aprendido hoy? Esta pregunta me ayuda a ganar consciencia de algo específico, de profundizar en ello y de poner en práctica durante los siguientes días aquello que he aprendido.

Desconectando de la rutina por un momento es como empiezas a ser intencional. Empiezas a cuestionar las cosas que pasan a tu alrededor. Empiezas a valorarlas y es entonces cuando puedes comenzar a tomar decisiones y finalmente pasar a la acción en aquellas cuestiones en las que tienes algo que decir y aportar.

Puedes hacerlo diariamente durante 10 minutos.

"La reflexión expande nuestra zona de confort y nos lleva al lugar donde se encuentra nuestro verdadero potencial."

Leer: Si tuviese que elegir una única cosa de todas las cosas que te ayudan a ser mejor profesional y mejor persona, sin duda, sería leer. Leer sencillamente te hace pensar mejor y hablar mejor. Al leer aprendes cosas a las que te puedes referir en cualquier conversación. Enriquece tu conversación.

La lectura aumenta nuestro vocabulario. La mente se ve motivada y renovada porque se alimenta con nuevas perspectivas. En cambio, no considero a la televisión como un medio para nutrir la mente. Es un medio pasivo que no suele alimentar la mente.

Es una realidad que la lectura mejora la comunicación y propicia y favorece la reflexión. Nos entrena en nuestra comunicación. Cuando lees, tu mente coge aquello que más le llama la atención, pasando a formar parte de ti, parte de tu mensaje y parte de tu comunicación.

Para avanzar debemos alimentar nuestra mente y la mejor manera que he encontrado ha sido mediante la lectura. Al leer mejoramos nuestra salud mental y cuando nuestra mente está contenta, nosotros estamos contentos. No es más valiosa una temática concreta. Casi toda lectura es buena, aunque no tenga que ver con tu campo profesional. Cada tipología te da algo que otras no te dan. Sobre todo te aconsejo que no te centres únicamente en lecturas técnicas sobre tu campo profesional.

"Today a reader, tomorrow a leader." (Hoy un lector, mañana un líder)
- Margaret Fuller

¿Cuándo hacerlo? La gente de éxito habitualmente aconseja hacerlo durante 1 hora y antes salir de casa por la mañana. Esto te ayuda a tener la cabeza afinada para comenzar el día. Sé lo duro que es esto, lo cierto es que en mi caso me resulta difícil. No obstante, he encontrado mi momento por la noche antes de irme a dormir. Hay a personas que les ayuda a dormir y a otras que les despierta demasiado. En cualquier caso, encuentra tu momento.

> *"Algunas de mis mejores ideas las han tenido otros con anterioridad."*

Descansar. Cuando te falta descanso, ¿cómo te sientes?, ¿crees que tienes la misma efectividad en cualquier situación? Te habrás dado cuenta que la mente no se encuentra perfectamente afinada cuando nos falta descanso. La falta de descanso nos dificultad la toma de decisiones, nos produce imprecisión al hablar, falta de brillantez, nos reduce la efectividad, etc. Para estar al 100% en una conversación y sacar lo mejor de ella necesitamos estar descansados. Ya sabes que nuestra actitud se muestra mediante palabras y, principalmente, mediante nuestro lenguaje corporal. ¿Te puedes imaginar tu cara cuando estás cansado? ¿Las personas con las que estás te van a "comprar tu idea"?. ¿Qué imagen te da una persona que tiene cara de cansada? Convencer a alguien y parecer creíble con un gesto cansado, es algo muy difícil.

Es recomendable tener una rutina que te permita descansar lo necesario y de ese modo recargar tu energía.

"No creces cuando estás trabajando, creces cuando descansas y reflexionas."
- Dan Rockwell

El ejercicio físico. El hacer cualquier tipo de ejercicio es muy importante tanto para nuestra salud corporal como para nuestra salud mental. El ejercicio físico estimula la plasticidad del cerebro al facilitar el aumento de nuevas conexiones neuronales. Paralelamente los niveles de estrés se ven reducidos y además el ejercicio es un buen antidepresivo. Según un estudio de la Universidad de Georgia, a partir de tan sólo 20 minutos se producen efectos sobre el procesamiento de la información y la memoria. En mi experiencia, me he dado cuenta que el momento donde encuentro con mayor facilidad las mejores ideas es cuando salgo a correr. Cuando practicamos un ejercicio físico perdemos el foco sobre nuestra mente. Se pierde control sobre ella, al tener que dedicar gran parte de nuestros recursos físicos al ejercicio en sí. De este modo la mente se libera y nos aporta sus ideas. Libérala para que te ayude.

> *"Una buena idea pasa a ser gran idea cuando la conviertes en realidad."*

Los movimientos del cuerpo importan. Nuestro cuerpo comunica y mucho. Según las investigaciones, entre un 60 y un 90% de nuestra comunicación es no verbal. Como puedes ver es muy importante, pero aún hay más. Se sabe por diversas investigaciones que no retenemos mucho de lo que nos dicen con palabras, sin embargo, el cómo nos hacen sentir las personas es algo que se recuerda durante mucho más tiempo. Es ahí donde cobra gran importancia nuestro lenguaje corporal.

En ocasiones decimos una cosa con nuestras palabras cuando en realidad estamos diciendo otras con nuestra postura corporal. Nos centramos al 100% en nuestras palabras y nada en nuestro lenguaje corporal (la comunicación no verbal). Es necesario poner atención en las posturas corporales. Pero esto no es todo.

Diversos estudios sugieren que las posturas que mantenemos con nuestro cuerpo no sólo afectan al modo en el que nos ven los demás, también a como nos vemos a nosotros mismos. Con las posturas inadecuadas nos podemos provocar, a nosotros mismo, cierta inseguridad del mismo modo que con las posturas correctas nos podemos provocar lo contrario. Es decir, nos podemos auto provocar mayor confianza. A este respecto te recomiendo el video en www.ted.com con el título "Amy Cudddy: El lenguaje corporal moldea nuestra identidad".

Tiempo libre. Necesitamos reservar un poco de tiempo para nosotros, sólo para nosotros. Es vital el sentirnos fuera de la rueda. Sentirnos aparte y tener nuestro rato para conectar con nosotros. Puede ser al practicar un deporte, pescar, nadar, leer, pasear, … o simplemente mientras reposamos. Es tu pequeño rato, exclusivo para ti. Es necesario conectar con el ser que habita dentro de ti y que suele estar oculto por la rutina diaria.

Hablarte. Habitualmente los perfiles técnicos no solemos tener desarrollada la capacidad de hablar en público. A pesar de ello, es bien conocida la importancia de ser efectivos en nuestra comunicación. Desarrollando la capacidad de hablar en público, ayuda al crecimiento personal y profesional y nos aumenta la confianza en nosotros mismos. Esta capacidad, como cualquier otra, se mejora con la práctica y si no tenemos la oportunidad de hablar en público, resultará más difícil su mejora. Personalmente he podido comprobar cómo el hecho de hablar en un tono de conversación sobre cualquier tema, en casa y a mí mismo me ha ayudado a mejorar. El hacerlo ayuda a construir ideas y extraer los puntos importantes que soporten el mensaje. Siempre se puede mejorar, pero ya no tienes excusa para mejorar tu comunicación. No necesitas a nadie que te escuche para practicar.

Socializar. No me refiero a socializar con un enfoque de negocios. Es reunirte con quién quieres y esperas pasar un rato agradable. Hacer una actividad en grupo, tener una comida, salir a tomar algo, asistir a un taller,... Es en cierto modo similar al anterior hábito de "tiempo libre" pero en este caso es compartiendo tu tiempo con otras personas.

Cómo sacar más del mismo tiempo. Obtener el máximo rendimiento de nuestro trabajo diario es algo que todos queremos. Existen diversos métodos y sistemas y todos son eficaces para unas u otras personas. Ahora bien, la realidad es que no todos nos acostumbramos a ellos. A muchos, algunos métodos nos resultan tan mecánicos como deshumanizados. Su eficacia se basa en una automatización y control tan riguroso que resulta una disciplina muy severa. La mecánica es perfecta, pero las personas no somos robots por lo que muchos no nos acabamos de acostumbrar a estos métodos.

Lo que sí he encontrado muy valioso y de gran ayuda ha sido el poder seguir tres sencillos consejos. Al ser sólo tres no me resultan agobiantes y no me siento tan controlado por una programación tan rigurosa que controle el minuto. Son los siguientes:

1. Planear en 10 minutos el día siguiente. Si no lo has hecho te estás perdiendo un fabuloso hábito. Te permite mejorar enormemente tu rendimiento y es tan simple como suena. Al acabar la jornada o en su caso durante la noche antes de ir a dormir, te sientas y planificas tus tareas del día siguiente. Dormirás mucho mejor porque el día siguiente ya estará organizado. Si descansas mejor, estarás más presente en el día siguiente.

   Cuando comiences tu jornada de trabajo no tendrás que empezar a pensar qué hacer porque ya lo sabrás y de ese modo aprovecharás mucho más el día. Además empezarás el día trabajando con toda tu energía y no perdiéndola en construir tu agenda o en estrujar tu mente tratando de evitar olvidar algo. Al ir acabando la jornada o luego en casa, tienes más fresco todo y probablemente no se te olvidará nada. En cambio si planificas al día siguiente corres el riesgo de olvidar algo del día anterior y eso se traducirá en prisas e imprevistos.

2. "Eat that frog", (cómete esa rana). Basada en el libro del mismo nombre en el que Brian Tracy nos explica mediante una metáfora que lo primero que tienes que hacer cada día es "comerte esa rana". La rana simboliza esa tarea más importante, más dura o dificultosa que muchas veces tenemos y que solemos procrastinar. Solemos retrasarla deliberadamente porque simplemente no apetece. En lugar de evitarla, Brian Tracy nos dice que esa es la primera tarea

que debemos realizar. No en vano, si lo primero que hacemos es "comernos esa rana", el resto del día será un paseo porque lo peor ya estará hecho. Por el contrario, si no lo hacemos así, tendremos todo el día en la cabeza esa importante tarea que no nos apetece hacer.

3. Resérvate todos los días 90 minutos de trabajo concentrado. ¿Te acuerdas de esas veces cuando miras el reloj y te das cuenta con qué rapidez ha pasado el tiempo? Eso es exactamente trabajar concentrado. Solemos trabajar en el modo multitarea continuamente. Trabajar así es normal y necesario en muchas ocasiones. Está bien aunque no todo el día se debe trabajar de la misma manera porque no todo el día hacemos lo mismo. También necesitamos trabajar durante parte del día con gran concentración y máxima efectividad.

Para ello, es importante que los demás sepan cuando estás en esos 90 minutos de pura concentración. Debe ser conocido para ser respetado y conseguir el mejor resultado. Explica en qué consiste. Pide que sólo te molesten en caso de urgencia durante esos 90 minutos. Y por supuesto, busca seguidores de esta estrategia de manera que más personas se beneficien de tu iniciativa.

> *"Trabajar concentradamente durante el tiempo necesario es esencial para alcanzar resultados distintos. Concéntrate como si no hubiera otra cosa en el mundo."*

Vocabulario positivo: Usa siempre un vocabulario positivo contigo y con los demás. Esto afecta enormemente a tu actitud ante los retos grandes y ante los más pequeños y diarios. Nuestro vocabulario forja nuestro pensamiento. Si hablamos en negativo pensamos en negativo y viceversa.

Por tanto, emplea palabras positivas y pensarás en positivo. La manera de implementarlo es prestando atención a lo que estamos diciendo en cada momento. Consiste en ganar consciencia del vocabulario empleado y reflexionar sobre ello. Trata de recordarlo varias veces al día.

Ayudará a la manera en la que tú y otros te perciben. Sin duda, una actitud positiva es contagiosa y tiene efecto directo en nuestro comportamiento.

Consejo

Si no practicas ninguno de estos hábitos, el tratar de integrar todos a la vez en tu día a día sería una locura. Requiere adaptación y algunos te costarán más que otros. Por distintos motivos, quizá no puedas o decidas no hacer tuyos algunos de ellos. No hay que volverse locos, esto no es una fórmula inamovible sin la cual no conseguirás nada.

Ten paciencia. Modificar nuestros hábitos lleva tiempo. En realidad es una reprogramación de nuestra actitud que llegado el momento se convierten en nuevos hábitos. Empieza y no lo dejes.

Si tuviese que elegir tres de los hábitos, para empezar o por falta de tiempo, está sería mi elección: considero el más relevante el leer libros de calidad, por sus beneficios, tanto por el enriquecimiento que nos proporciona como por la posibilidad de dormir mejor. Al mismo tiempo nos ayudará a desarrollar un segundo hábito que es el de reflexionar. Ambos sólo nos requerirán unos minutos al día. Por último, no te requerirá gran esfuerzo observar tu propio lenguaje corporal e intentar mejorarlo. Son tres prácticas importantes y sencillas de implementar que no te requerirán demasiado tiempo.

Mediante la práctica de estas disciplinas ganarás especialmente seguridad. Te ayudará a consolidar una buena imagen de ti y como resultado de esa confianza te podrás animar a aventurarte hacia nuevos retos.

Te servirá para construir una férrea actitud de "yo puedo, lo voy a hacer y lo hago" que será transmitida a los demás. Cuando la tienes, los demás la perciben y por tanto te conviertes en un ejemplo. Así que construye tus nuevos hábitos.

Somos lo que pensamos que somos y sobre todo, somos lo que hacemos

El poder de la mente es enorme. Somos quien pensamos que somos. Si pensamos que no somos nada, no somos nada. En cambio si pensamos que somos grandes, no hay duda, somos grandes. La única diferencia radica en el pensamiento con el que arrancamos. El de "soy grande" o el de "soy pequeño". Y a partir de ahí puedes esperar lo mejor o lo peor, respectivamente.

Has pensado alguna vez ¿cómo te ven los demás? La forma en la que te ven los demás viene determinada por tus actos. Y como sabes, tus actos son el resultado de tus pensamientos. Así que es fácil entender la importancia de trabajar en nuestros pensamientos positivos para que los demás nos vean a través de nuestra mejor versión. Si la siguiente secuencia es cierta,

entonces, ¿por qué no adaptarla a nuestros intereses?, ¿por qué no emplearla para obtener mejores resultados? ¿Por qué no comenzar con pensamiento positivo?

Para sentirnos positivos nos debemos sentir importantes. No digo que debamos ser o no ser importantes, eso es además relativo, sino sentirnos importantes. Sintiéndonos importantes nos hace recibir un trato mejor. Trasmitimos una sensación que hace a los demás tratarnos mejor. Si tú no te tratas bien a ti, los demás tampoco lo harán.

Desde el momento en el que nos sentimos inferiores, somos inferiores. Ya conoces la cita: "Aquel que dice que puede y aquel que dice que no puede; normalmente ambos tienen razón". Si crees que no puedes, se acabó. No podrás porque ya lo habrás determinado por ti mismo. Así que será mejor pensar y creer que sí puedes.

Se dice que la actitud lo es todo. La actitud es cómo enfocamos cualquier cosa. Dependiendo de la actitud tomaremos unas u otras determinaciones que nos harán hacer o no hacer unas cosas u otras y así serán los resultados. ¿Entiendes la importancia de nuestros pensamientos y nuestra actitud en la vida? Por eso se dice que "la actitud lo es todo".

> *"Si la actitud lo es todo, entonces crea tu pensamiento positivo."*

Enfocarnos en nuestro crecimiento

Un gran soporte en la construcción de nuestra actitud es nuestro crecimiento. Nuestro crecimiento para alcanzar nuestro máximo potencial requiere de la mejora de nuestro liderazgo. Es un proceso de mejora.

> *"No te preocupes por lo que no has hecho, emociónate por lo que has decidido y vas a hacer."*

Para crecer como líder es importante reservar tiempo para ese crecimiento. Es una necesidad reducir el tiempo que dedicamos a tareas rutinarias en favor de aquellas que nos dan valor. Ninguna tarea es tan importante como dedicar tiempo a nuestro crecimiento.

Invertir tiempo en nuestro aprendizaje y crecimiento permite también al equipo crecer desde el momento en el que te posicionas como un ejemplo a seguir por tus actitudes.

Algunas empresas incentivan a sus empleados permitiéndoles invertir un determinado tiempo a la semana en el desarrollo de nuevos y propios proyectos. En esencia es pura formación y desarrollo personal. Será por algo ¿no? Esas empresas son conocedoras del poder de estimular a sus equipos al crecimiento personal y por ello no dudan en otorgarles ese tiempo. De la misma manera, nosotros debemos reservarnos un tiempo diario para nuestro propio desarrollo.

Y ya sabes que no me refiero a crecer en tu campo profesional únicamente. Ya conoces grandes hábitos, comunes a los grandes líderes sobre los que se asientan las claves y habilidades específicas de cada uno. Con los hábitos que te he presentado ganarás en intencionalidad en tu transformación en un líder.

Resumen

Los hábitos de un buen líder son:

 Reflexionar: Parar 10´ al día para mejorar el razonamiento

 Leer: Es la acción que más nos ayuda a aprender

C Descansar apropiadamente: para estar mentalmente más ágiles

D Hacer ejercicio físico: Para tener mente y cuerpo en forma

E Poner atención a los movimientos del cuerpo

F Buscar tiempo libre y reservado

G Procurar mejorar la oratoria

H Socializar fuera del trabajo

I Organizar bien su trabajo:

- Planear en 10 minutos el día siguiente
- La primera tarea es "comerse la rana"
- Reservar 90 minutos al día para trabajar concentradamente

J Usar vocabulario positivo con ellos y con los demás

K Desarrollar pensamiento positivo: somos lo que pensamos

L Estar comprometidos con su crecimiento

"El ritmo diario nos tiene tan centrados en la inmediatez que no invertimos tiempo en mejorar nuestro día."

UN LÍDER CONECTA

"Cada vez que pienso en los demás, los demás piensan en mí y juntos alcanzamos el éxito del proyecto."

El elemento diferenciador de un líder

Se dice que un jefe de proyectos invierte o debería invertir en torno al 85% de su tiempo en comunicar. Este dato nos da una imagen clara de la importancia de la comunicación. Ciertamente es crucial. Sin embargo, igual que nuestro objetivo no es ser jefe de proyectos sino líder de proyectos, no podemos conformarnos con comunicar. Tengo que compartir contigo que los líderes no sólo comunican, los líderes especialmente conectan.

La comunicación en un proyecto puede ser mejor o peor y aún así podremos trabajar y finalizar el proyecto. A mejor comunicación mejores resultados, aunque para alcanzar el máximo potencial de nuestro equipo no vale con comunicar, sino que es necesario conectar.

Como te podrás imaginar, no me refiero a hablar con los demás sin más. En realidad eso no tiene por qué llevar a conectar. Se entiende por conectar cuando lo hacemos a un nivel superior a lo que entendemos por comunicación. Conectar es mucho más que comunicar, es la mejor manera de crear sinergias entre varias personas. Es la consecución de un entendimiento que logra alcanzar un verdadero deseo de trabajar en equipo.

Desde el momento en el que conectamos, comenzamos a crear confianza, motivación, seguridad, respeto y buen ambiente, proporcionando al equipo una gran oportunidad. Las grandes oportunidades no se presentan todos los días, por eso resulta tan determinante y todos nos sentimos atraídos cuando alguien nos propicia esa conexión.

Por conectar me refiero a la construcción de un puente figurado entre tú y la otra persona, que favorece la compenetración, el entendimiento y la armonía.

Metafóricamente, la conexión sería la cimentación de un edificio. El edificio sería el proyecto. Lo primero, de ahí su importancia, es construir la cimentación (la conexión entre personas) y después sobre esa base apoyar el edificio o más bien el proyecto en nuestro caso. La conexión busca que durante el proyecto, cualquier contratiempo en el equipo sea subsanable y que además todo el equipo esté comprometido más que con su trabajo sin más, con su máximo potencial.

Por tanto, la conexión con todas las personas es crucial para posibilitar los mejores resultados. El profundizar en la manera en la que un líder conecta es una de las grandes habilidades que debemos desarrollar, absorber e interiorizar si queremos llegar a serlo. Mi mejor consejo para tener el mayor éxito en el proyecto es: primero conecta, crea la base y sólo entonces podrás comenzar a trabajar en el proyecto. Cualquier otra manera o intento de atajar será un atraso en el mejor de los casos.

1º CONECTA CON LAS PERSONAS

2º TRABAJA EN EL PROYECTO

Conectar

El liderazgo se fundamenta en que es una servidumbre. Seguramente, ya te habrás dado cuenta. El liderazgo no consiste en ti, sino en los demás. El líder sirve a los demás para facilitarles su desarrollo y su trabajo, para alcanzar el objetivo común del proyecto. El líder está al servicio de los demás, es el gran facilitador. Es quien hace las cosas posibles para los demás, de manera que el trabajo de los demás sea lo que haga realidad el objetivo.

"La primera y más importante elección que un líder puede hacer, es la de elegir servir, sin la cual, la capacidad de cada uno para liderar se ve severamente limitada."
- Robert Greenleaf

Visto desde otra perspectiva. Podemos tomar dos caminos: o bien centrarnos únicamente en nuestro beneficio propio y particular o bien centrarnos en el equipo, en el cliente y en general en los implicados en el proyecto. El primer camino, no es el camino que elige un líder.

Los mejores resultados se obtienen cuando se trabaja en equipo y se alinean los intereses de todos los afectados por el proyecto. La experiencia lo demuestra. La grandeza se alcanza en equipo, no en solitario. Es fundamental el conectar con el equipo y con el resto de interesados para alinear todos los máximos potenciales de cada persona y crear sinergias entre ellos de modo que posibiliten el éxito del proyecto.

> *"Las personas que se transforman en líderes piensan de manera diferente".*

¿Cómo conectar?

Dos son las Leyes fundamentales que he encontrado y he podido constatar a la hora de conectar con los implicados en el proyecto y especialmente con el equipo:

1ª Ley: Hablar de los intereses de la otra persona

2ª Ley: Mostrar vulnerabilidad

1.) Hablar de los intereses de la otra persona

Si quieres tener las mayores garantías de conectar con los demás, deberás hablar de lo que más les interesa. Es así de fácil. Tendrás que hablar de su tema preferido. Y ¿qué es lo que más les interesa a los demás? Sencillamente hablar de ellos mismos.

No es fácil encontrar a alguien que se interese por nosotros porque casi todas las personas se interesan en primer lugar por ellas mismas, en segundo lugar por ellas mismas y en tercer lugar por ellas mismas.

La forma más rápida y directa de conectar con las personas no es tratándolas de sorprender, maravillar o fascinar. La forma más rápida es interesándonos con absoluta sinceridad por la otra persona.

Da igual quién sea la otra persona. Da igual a qué se dedique. Da igual a lo que aspire o de dónde venga. Cada persona nos sentimos el centro del universo. La persona más importante del mundo y nuestro tema preferido es nosotros mismos.

Así que ¿por qué no asimilarlo y comenzar a conectar con los demás de la mejor manera posible?, ¿por qué no comenzar con el tema favorito de la otra persona?, ¿por qué no comenzar a hablar de la otra persona, pensando en los intereses de la otra persona?

La sinceridad no es manipulación

Quizá te comiences a encontrar en un dilema preguntándote si esto no es manipulación. La respuesta es, esto no es manipulación. Existe una especie de "sistema de seguridad" que todos tenemos que detecta la sinceridad y la falsedad.

Si alguien se interesa por ti y no lo hace con sinceridad, ¿cuál será tu sensación? Seguramente tu intuición te dirá "forzado e interesado" o cuanto menos una "excesiva adulación", ¿verdad? Eso es lo que te dirá tu "sistema de seguridad". Y de ese modo el resultado es el opuesto. Es posible que literalmente salgas corriendo a la menor oportunidad y lo que es peor, desconfiarás para siempre de esa persona. Por eso tu interés por el otro no puede ser manipulación porque si lo es, tu instinto te hará dudar de las intenciones de la otra persona y el coste será la pérdida de su confianza. Y la confianza es algo difícil de recuperar.

Quizá alguien pueda alagarte diciendo "que bueno eres" o cosas de ese tipo, pero la actitud, el tono, el lenguaje corporal nos dirán algo bien distinto. Se trata del equipo del proyecto, del cliente y de los interesados en el proyecto. Sé sincero en tu interés o podrías perder su confianza.

En cambio, cuando hablas de los intereses de los demás con sinceridad y con ánimo de ayudar, conectas. Es especialmente necesario al comienzo. Una vez hecha la conexión, será necesario encontrar nuevos temas que la alimenten. Una vez metidos en el trabajo del proyecto se puede reforzar la conectividad con el equipo reconociendo el valor que cada persona aporta al proyecto. Es una manera fácil de hablar de manera específica del valor de cada persona.

¿Conectas?

Para conectar se necesita reconocer y evitar el error más común del mundo. El error que nos hace sentirnos el centro del universo y que nos lleva a querer ser el centro de la conversación.

Zig Ziglar decía: *"si primero ayudas a la gente a conseguir lo que quieren, ellos te ayudarán a conseguir lo que quieres"*. Así que, ¿por qué no dejar de perder el tiempo eternamente consiguiendo resultados mediocres?, ¿por qué no acelerar conectando?, ¿por qué no ser ese líder sirviente que ayuda y asiste a los demás? Deja que los resultados hablen después por sí mismos. Los mejores resultados empiezan trabajando para los demás, no para ti.

La verdadera conexión con los demás se produce cuando el equipo se da cuenta de que tú estás ahí para ellos y que por tanto pueden confiar en ti porque les ayudarás.

Así es como se puede conectar rápida y eficazmente con los demás para crear el ambiente propicio que favorezca los mejores resultados.

> *"Un líder de proyectos sirve y asiste al equipo para posibilitar su máximo rendimiento y conseguir resultados insospechados e inalcanzables con cualquier otra actitud".*

Haz más preguntas y da menos órdenes

A la hora de conectar, ya sea antes de comenzar el proyecto como durante el desarrollo del mismo, para alimentar la conexión, irremediablemente, tendrás que pasar por la formulación de preguntas. No en vano, nuestro foco debe ser la otra persona. En este apartado específico, quiero hacerte ver que durante la ejecución del proyecto, es recomendable limitar el número de órdenes en favor de hacer más preguntas. En el Capítulo 3.5 vimos diversos ejemplos, técnicas completamente aplicables en este apartado. Las órdenes son incómodas, dan lugar a malos entendidos y propician la desconexión. Algunas de las virtudes de las preguntas son:

- Estimulan la creatividad.

- Suavizan las órdenes.

- Dan una oportunidad a quién la responde.

- Otorgan importancia al preguntado.

Preparación

Cualquier encuentro, para que sea exitoso, requiere de preparación. Un gran ejemplo de ello fue el ex presidente americano Theodore Roosevelt. Invertía parte del día anterior al de encontrarse con una persona a tratar de conocer qué era aquello que le podía interesar y lo hacía independientemente del trabajo que realizara, ya fuera un soldado, un político o cualquier otro. Todo el mundo siempre coincidió en la profundidad y el valor de las conversaciones con él.

Nunca asumas que lo sabes todo sobre la otra persona ya que ese suele ser el error más habitual. Invierte algo de tiempo en preparar un encuentro, muy especialmente si es importante. Piensa en qué es lo que más le interesa a la otra persona y "antes de empezar a trabajar" asegúrate de conectar. Habla de sus gustos y sus preferencias. En el peor de los casos, la otra persona te reconocerá y agradecerá tu esfuerzo y ya habrás ganado mucho. En el mejor de los casos habrás entrado por la puerta grande porque habrás conectado. Cuanto más sepas de la otra persona, más posibilidades de éxito tendrás.

> **Comencemos hablando con sinceridad y cierta preparación sobre aquello que más le interesa a la otra persona. No es otra cosa que hablar sobre ella misma, para lo cual nos apoyaremos en las preguntas.**

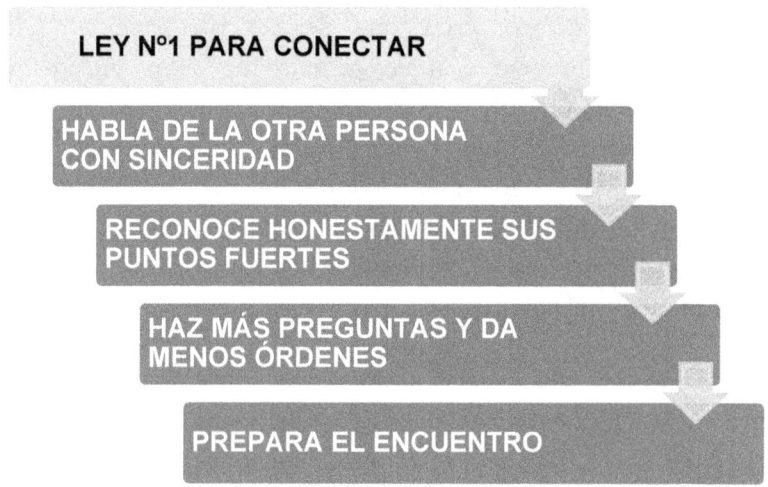

2.) Mostrar vulnerabilidad

La mayoría pensamos que ser vulnerables es algo malo. Probablemente porque implica mostrar debilidades.

Lo cierto es que cuando nos mostramos vulnerables demostramos confianza en nosotros, en los demás y ganamos respeto. Cuando un líder no trata de ocultar sus vulnerabilidades, construye un entorno de trabajo abierto.

Mostrarse vulnerable no quiere decir ser débil, quiere decir que controlas a tu propio ego. Un líder que se muestra vulnerable reconoce que no tiene respuestas para todo y que necesita del mejor trabajo de los demás. Así se abre una puerta para aportar libremente, para que cada miembro del equipo aporte su mejor valor y como resultado el equipo se siente más involucrado.

> *"Cuando nos mostramos vulnerable derrotamos a nuestro ego."*

Un líder que se muestra vulnerable es el que pide la opinión de los demás para alcanzar la mejor respuesta. No es un concurso de inteligencia individual sino una competición en equipo. El equipo se siente reconocido, respetado y la conexión que se produce beneficia a todos.

La vulnerabilidad es en realidad una fortaleza. Hace falta un líder muy consciente para mostrarse vulnerable. Es necesario entender el beneficio de la vulnerabilidad. La vulnerabilidad crea un gran ambiente donde todo se comparte, porque el ego y el miedo han sido derrotados en favor del equipo.

Esconder nuestras vulnerabilidades nos desconecta

Las órdenes esconden miedos. Nos mostramos invulnerables porque queremos ocultar carencias. En el proyecto, la forma más tradicional de ocultar la insuficiencia es dando órdenes. Hacerlo siempre. Decir a los demás lo que tienen que hacer y hasta incluso pensar. Es lo más rápido de hacer. En ocasiones lo hacemos porque pensamos que nuestra idea es la mejor, pero también por algo más. Pensamos que si no tenemos la respuesta, la orden o el mensaje, perderemos la autoridad porque estaremos siendo vulnerables.

Pero ¿has pensado qué ocurrirá si tu "orden" demuestra inexperiencia o falta de conocimiento, por tu deseo de tratar de simular ser alguien que no eres o de saber algo que no sabes? Lo primero es que te mostrarás vulnerable al descubrirse la mentira, justo lo que querías evitar, mostrarte vulnerable. Y desde luego que comienza a preocuparte seriamente porque acabas de perder la autoridad y la confianza. De nuevo lo que querías evitar. Está claro que dar órdenes para ocultar cosas produce desconexión.

Así que volvamos a la otra vía. A la de mostrar o no esconder nuestra vulnerabilidad. Si alguien se mostrase contigo con honestidad, seguramente que en algún momento se mostrará vulnerable. Lo importante es que cuando te muestras de manera honesta, sincera, y vulnerable, estarás propiciando una autopista para conectar porque te estarás mostrando de manera genuina, de manera sincera y de forma natural. Y eso es lo que todos queremos.

¿Con quién prefieres trabajar, con alguien sincero o con don perfecto (que en realidad no lo es)? ¿Es malo mostrarse vulnerable? Creo que lo malo es mostrarte como alguien que en realidad no eres.

Por tanto, si hemos convenido que es más interesante no mostrarse como Don Sabelotodo dando órdenes y reconocer nuestras limitaciones, ¿qué se espera de nosotros ahora? Menos órdenes y más vulnerabilidad.

Las órdenes buscan esconder nuestras vulnerabilidades

Ojo con las "ordenes". Incluso en casos evidentes en las que se busca evitar un claro problema, pueden causar resentimiento. No consiste en erradicar las "ordenes" sin más, pero siempre es mejor buscar una pregunta oportuna, no temer mostrarnos vulnerables y evitar una mala orden. Al principio es un camino más largo, lleva más tiempo, pero a medio plazo el equipo será más autónomo porque habrá sido consistentemente empoderado al ser tenido en consideración.

Reconocer abiertamente lo que se desconoce es una muestra de vulnerabilidad y también de fortaleza, así de claro queda en la siguiente cita:

"No tiene sentido contratar a personas inteligentes y después decirles qué tienen que hacer. Nosotros contratamos a personas inteligentes para que nos digan qué tenemos que hacer."
- Steve Jobs

Así de vulnerable se mostraba Steve Jobs y seguro que nadie le consideraría débil.

La vulnerabilidad de un líder otorga relevancia a los demás

Una gran virtud de la vulnerabilidad es el tremendo efecto que produce en los demás al permitirles que se otorguen y se apropien una idea, pensamiento o solución. Si un líder es un facilitador que empodera al equipo, ¿por qué no facilitarles mediante preguntas que guíen a sus propias conclusiones a los demás? Esto facilita la autonomía por la gran sensación de seguridad y confianza que se alcanza. Estás demostrando honestidad al reconocer lo que no sabes y estás incitando y ayudando a encontrar a los demás la solución. Y lo que es más, en muchas ocasiones se alcanzan mejores soluciones de las esperadas.

Así que considera reducir el número de órdenes, conduce mediante preguntas, no fuerces y alcanzarás mejores decisiones y mejores resultados personales y de equipo.

Ventajas de la vulnerabilidad

Mostrarnos vulnerables produce muchas más ventajas de las que podemos imaginar a primera vista. Cito algunas de ellas:

- Mostrarse vulnerable es más eficaz porque dejas de perder el tiempo en esconder limitaciones.

- Mostrarse vulnerable es ser honesto contigo y con los demás.

- Mostrarse vulnerable es ir más rápido hacia la mejor solución.

- Mostrarse vulnerable es reconocer la importancia de los demás de manera directa.

- Mostrarse vulnerable es mostrarse natural y dejar de preocuparse por tener todas las respuestas.

- Mostrarse vulnerable da la seguridad a los demás de trabajar con alguien genuino.

- Mostrarse vulnerable es tener la valentía de pedir ayuda al equipo y reconocerles su trabajo.

- Mostrarse vulnerable es no temer reconocer que eres humano, porque lo contrario todos sabemos que es mentira.

- Mostrarse vulnerable demuestra confianza en ti mismo, fortaleza personal, ausencia de miedo y respeto hacia los demás.

- Mostrarse vulnerable propicia crear una familia de trabajo, permitiendo tener una relación personal con cada miembro.

Mostrarse vulnerable es de lo más difícil que un líder puede hacer. Es bajar defensas naturales y a la vez mostrar fortalezas. Si no muestras tus vulnerabilidades no estás liderando, estas engañando porque estás falseando la realidad.

La mejor forma de que el equipo ayude es cuando conocen tus puntos débiles. Es un reto para que puedan brillar donde tú no lo harías. Es un estímulo para que cada persona pueda aportar y dejar su sello personal. Reconoces que eres una persona normal que quiere hacer un gran trabajo en equipo.

LEY Nº2 PARA CONECTAR

MUESTRATE VULNERABLE SIN TEMOR ALGUNO

Conclusión

Un líder es el hilo conductor de cualquier proyecto. Mantiene comunicaciones con todos los implicados en el proyecto. Sin embargo, para lograr los mejores resultados, no basta con comunicar. Hay que conectar y se debe hacer constantemente.

Un líder debe comportarse como sirviente que es. El liderazgo es una servidumbre, ya que el líder es el autentico facilitador y esa debe ser su actitud constante. Ganarse el respeto y la confianza es fundamental.

Un líder debe conectar con toda persona implicada en el proyecto haciendo uso de las dos normas fundamentales. La primera Ley dice que debes interesarte sinceramente por los demás para construir fructíferas relaciones y posibilitar los mejores resultados. Para ello, recuerda hablar de los intereses de los demás.

La segunda Ley nos recuerda que debemos mostrarnos vulnerables y evitar ocultar carencias mediante órdenes. No temas mostrarte vulnerable. Al hacerlo demostrarás humanidad, transparencia y confianza.

Las órdenes son una parte compleja y peligrosa en las relaciones en cualquier proyecto. En su lugar, las preguntas posibilitan tomar mejores decisiones, alimentan el buen ambiente, empoderan al equipo, dan confianza y evitan malos entendidos. No tengas presunciones y permite que los demás se otorguen las ideas.

La preparación de cualquier encuentro te ayudará a ganar claridad, intencionalidad y eficacia.

Para conectar olvídate de ti y piensa en los demás.

1 HABLA DE LO QUE MÁS IMPORTA A LOS DEMÁS: ELLOS

2 INTERÉSATE SINCERAMENTE

3 PREPÁRATE SI ES NECESARIO

4 NO TEMAS MOSTRARTE VULNERABLE

5 NO DES TANTAS ÓRDENES Y HAZ MÁS PREGUNTAS

En definitiva, recuerda que no se trata de que conectes contigo, sino con los demás, por eso:

CÉNTRATE EN LOS DEMÁS

MUESTRATE NATURAL

GUÍA CON PREGUNTAS

Es la manera más efectiva de comenzar una conexión, que propicie la mejor base para alcanzar los mejores resultados y la mejor forma de alimentar la conexión una vez construida.

6

QUÉ HAGO PARA CONSEGUIRLO

"El conocimiento y la actitud son importantes para marcar una dirección, lo que haces es lo que te diferencia."

Se requiere compromiso

A pesar de que crecer para alcanzar nuestro máximo potencial puede resultar atractivo, lo cierto es que pocas personas se aventuran con ese propósito. ¿Por qué? La incertidumbre es la excusa perfecta y en otras ocasiones, sencillamente no sabemos por dónde empezar ni por dónde continuar.

Expandir o salir de nuestra zona de confort requiere esfuerzo e incomodidad. ¿Por qué afrontarlo entonces? Es más fácil para todos cambiar el mundo desde nuestra mente que cambiarnos a nosotros mismos. Lo cierto es que si no empezamos por cambiarnos a nosotros mismos no llegaremos más allá de donde actualmente imaginamos.

Cuando se trata de ser mejor profesional, entendemos fácilmente que gran parte pasa por ser mejor técnicamente. Cuando se trata de convertirnos en un líder de proyectos, alcanzar nuestro máximo potencial y ayudar a los demás a alcanzar el suyo, el camino pasa por el crecimiento continuo. No en el aspecto técnico, sino en términos de liderazgo. Si quieres crecer, si quieres ayudar a otros, si quieres ayudar a tu compañía a crecer, debes alimentar al líder que llevas dentro para que crezca.

Lo que hagas hoy mismo, lo que estás haciendo ahora mismo, tendrá su reflejo en el día de mañana. Si estás comprometido con tu crecimiento personal como líder, te convertirás en un líder y podrás decidir si quieres aceptar mayores responsabilidades.

Alcanzar tu máximo potencial en la gestión de proyectos consiste en establecerse como meta el convertirte en líder. El camino hacia dicha meta pasa por nuestro propio desarrollo para después desarrollar a otros como líderes, permitiéndoles alcanzar mayores responsabilidades.

COMPROMISO

Tu futuro debe ser tuyo

> *"No esperes a saberlo todo, simplemente comienza con el primer paso."*

Tu objetivo es convertirte en el mejor líder posible para alcanzar los mejores resultados posibles. Resultados que no pueden ser alcanzados de otra manera. Convertirte en líder lleva tiempo y sólo depende de ti. Puedes conseguirlo si te decides a crecer. Familiarízate con el futuro. Es decir, invierte tiempo en crear tu "big picture". En ir ganando tu propia perspectiva de tu futuro. De salir del detalle de hoy o de esta semana o de este mes y de verte en el futuro de la manera que quieres verte. Esta perspectiva te garantiza la dirección que debes tomar, el lugar al que debes dirigirte. Tu imagen en el futuro actuará como tu brújula. Es una buena estrategia el desarrollar la habilidad de pensar en el futuro saliéndonos del presente. No es habitual entre la gente, por eso la mayoría seguimos a aquellas personas que saben dónde van. Esas personas trasmiten confianza y seguridad y por tanto pueden liderar.

PERSPECTIVA DE FUTURO

Pon en práctica lo aprendido

Crecer mentalmente es importante, aunque la clave es la práctica. Cuanto más te expongas y pongas en práctica lo aprendido más rápido y con mayor firmeza crecerás.

Es lo que hemos venido llamando pasar a la acción. Recuerda, los sueños son poderosas ideas pero ser intencional requiere acción. Y la acción es la única manera conocida de alcanzar cualquier cosa.

Desarrolla alguna de las disciplinas para una mejora exponencial que hemos visto en el Capítulo 4. Aplica alguna de las 7 claves del Capítulo 3. No trates de hacerlo a la perfección el primer día. No te desmotives si te parece que no avanzas. Requiere tiempo. De niños nos sentíamos frustrados cuando el primer día no sabíamos montar en bici o en patines. El secreto es la repetición. Así es como aprendemos todos los seres humanos. Y la repetición y la perseverancia es la diferencia entre conseguir o no conseguir algo.

Las dos únicas maneras de fallar en un proyecto

No temas equivocarte. Es parte del proceso. Equivocarse quiere decir que estás trabajando en ello. El aprendizaje se basa en poder ejecutar movimientos perfectos, hasta entonces, fallarás. Pero un buen día lo harás a la perfección. Quien no asimila el error como un proceso o un hito en la programación de nuestro desarrollo personal, nunca comienza porque siente confusión y frustración. Nos han enseñado que el error es algo malo, en lugar de algo necesario para alcanzar cotas mayores de perfeccionamiento. Pregúntale a cualquier científico si admite el fallo o si el logro no pasa irremediablemente por el intento y error para lograr el mayor descubrimiento.

> *"El fallo no es el punto en el que todo termina. El fallo es el escalón por el que la mayoría de los grandes resultados necesitan pasar."*

Hay dos maneras de fallar:

1. Una es cuando fallas y todo se acaba. Se acaba porque tú has decidido que se acabe, no porque esté escrito en sitio alguno o porque alguien te lo diga. Es la única manera en la que un fallo se convierte en fracaso.

2. La otra manera de fallar es considerando el fallo como un valor. Y lo es porque te ayuda a reorientarte, reenfocarte e ir de manera más precisa y contundente hacia la consecución de tus objetivos.

A todos nos gusta acertar a la primera y sobre todo sin haber fallado. Pero ¿qué pasa si fallamos antes de la consecución?, ¿es que ya no vale conseguirlo? ¿Cuál es el objetivo, no fallar o conseguirlo? Cuando más cerca estás ¿por qué dejarlo?

Cada vez que fallamos estamos más cerca de lo que nunca estuvimos de conseguir lo que queremos.

¿De qué manera te gusta fallar: fallar abandonando o fallar hacia adelante?

> *"El fallo no es fallo salvo que tu decidas que lo es."*

> *"El error únicamente se puede transformar en un valor después de haber fallado."*

El error no es el final del camino, se produce andando el camino.

Persevera en alcanzar tu potencial

Por un lado, a Woddy Allen se le atribuye la frase "el 90% de mi éxito se basa simplemente en insistir". Es ese insistir el que te permitirá encontrar la forma adecuada. No parece una idea muy desencaminada. Muchas veces las cosas se consiguen porque la mayoría sencillamente desistieron.

Por otro lado, de Dale Carnegie leí que "el éxito financiero se debe en un 15% al conocimiento profesional y un 85% a la habilidad de expresar ideas, asumir liderazgo y elevar el entusiasmo entre la gente". Ahí aparece de nuevo la importancia del liderazgo. Viniendo de Dale Carnegie, ese 85 % seguro que tiene un 100% de fiabilidad.

Así que insistir es perseverar, en alusión al 90% de Woddy Allen y el esforzarnos en convertirnos en líderes es el conocido 85% de Dale Carnegie. De ambos podemos extraer que el reto, tu reto, es "perseverar en la mejora de tu liderazgo". Permíteme repetirlo. "Perseverar en la mejora de tu liderazgo".

La suma de "perseverancia" más "liderazgo" aumenta de manera drástica tus opciones de obtener los mejores resultados y como has visto en sendas citas, parecen consejos muy bien orientados. Insistir es clave. Liderar es clave.

O lo que es lo mismo en su fórmula reducida:

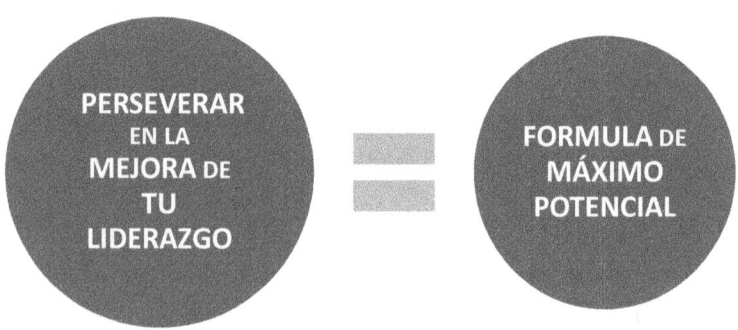

El camino para alcanzar tu máximo potencial arranca con la reflexión, sin embargo, el punto fundamental es la acción, porque conlleva empezar, hacer y actuar. Después verás como paulatinamente mejorarás y finalmente alcanzarás cualquiera de los objetivos que te hubieses propuesto.

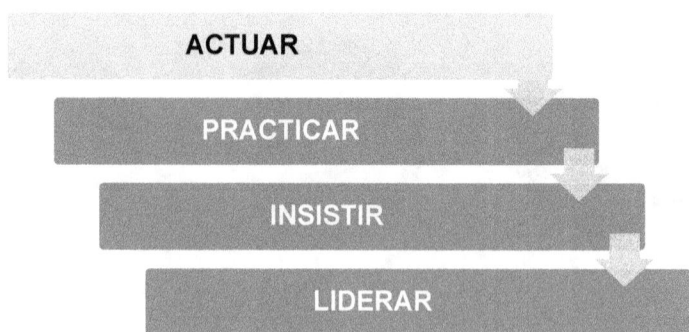

"Ponernos objetivos cuesta, aunque no serán relevantes si no los alcanzamos. La realidad comienza dando el primer paso."

Tú decides

Debería ser decisión de cada persona, pero no lo es. Por desgracia, frecuentemente no tomamos nuestras propias decisiones con consciencia. Me refiero a planear nuestra vida profesional y por extensión nuestra propia vida. Es habitual pensar "bueno ya iré viendo como me va". De esa manera el tiempo, queramos o no, nos dejará en un lugar, aunque quizá no en el que hubiéramos querido. Desde luego que eso no es lo que se entiende por decidir por uno mismo. Habitualmente cuando nuestro futuro se deja al azar no tenemos éxito.

La dirección y la planificación evitarán dejar nuestro futuro en manos de los demás. Esto nos permitirá alcanzar nuestro máximo potencial en la gestión de proyectos, convertirnos en líderes, crecer profesionalmente y por el mismo precio y en el mismo viaje, crecer personalmente. En pocas palabras nos convertimos en un líder intencional, en alguien que decide y diseña su vida.

Tu objetivo es mejorar tu liderazgo para alcanzar tu mayor potencial y es este objetivo el que marca tu dirección.

Finalmente, las claves y consejos que te presento en este libro añadirán valor y claridad en tu camino. Proponte pequeñas metas. Metas fáciles de alcanzar. Cuantas sean necesarias para alcanzar el gran objetivo. Ir alcanzando pequeñas metas te servirán de motivación para perseverar cuando te enfrentes a dificultades mayores. De vez en cuando, no te olvides de mirar hacia atrás para darte cuenta de todo lo que ya habrás conseguido.

> *"Una conclusión no es más que el paso previo a comenzar a convertirla en realidad."*

Cultiva una mentalidad positiva

Anteriormente hemos visto la importancia del uso de un vocabulario positivo.

Sabemos que nuestra mentalidad es la responsable en origen de nuestros resultados. Nuestros pensamientos producirán nuestra propia actitud, enfocada a la acción o a la no acción, y debemos dirigirnos a la acción, pues como en varias ocasiones hemos visto, nuestras acciones son las que determinan nuestros resultados.

La acción suele ser determinante. Muchas personas tienen buenos pensamientos, pero pocas pasan a la acción. No obstante, lo primero no es cambiar nuestras acciones, sino nuestro pensamiento.

"Si te cuesta cultivar una mentalidad positiva, comienza por evitar los pensamientos negativos."

Ya sabes que todo parte de nuestro pensamiento e ideas. Así que te resultará evidente que el cultivar una mentalidad positiva facilitará implementar cualquier idea en una realidad. Los beneficios son:

- El pensamiento positivo combate factores de miedo y preocupación.

- El pensamiento positivo te acompaña y ayuda en los momentos más difíciles.

- El pensamiento positivo agranda la visión de tu meta.

- El pensamiento positivo aumenta tus posibilidades de alcanzar tu máximo potencial.

- El pensamiento positivo es un gran aliado a la hora de liderarte.

- El pensamiento positivo produce los mejores resultados posibles.

- El pensamiento positivo produce más pensamientos positivos.

- El pensamiento positivo crea el ambiente necesario para reflexionar y visualizar nuestra "big picture" y el detalle de lo inmediato con mayor claridad.

- El pensamiento positivo es contagioso.

- El pensamiento positivo desata y libera nuestro potencial.

- El pensamiento positivo nos da mayor energía y estabilidad.

- El pensamiento positivo nos ayuda a mantenernos pegados a nuestra hoja de ruta.

- Y por supuesto te ayuda a afrontar el estrés y a mejorar tu salud.

Un líder no consigue de manera automática el pensamiento positivo. Puede llevar bastante tiempo. El secreto es trabajar en ello. Mis mejores consejos para desarrollar una mentalidad positiva:

- No te hables de manera negativa. Cómo te hablas internamente importa y evitar hablarte negativamente es la mejor manera de comenzar.

- Evita leer, ver noticias o videos negativos. Sobre todo de gente ofuscada. Probablemente esa gente gana dinero a través de noticias o shows negativos donde reina la crispación. Esa negatividad nos influye enormemente.

- Emplea vocabulario positivo. Antes de hablar negativamente, piénsatelo. Evita "esto es imposible", "no funcionará", "no lo conseguiré". Es mejor preguntar ¿cómo podemos invertir esta situación / evitar que ocurra / hacer que suceda ….? o ¿por qué pensáis que no lo conseguiremos y qué sería necesario para lograrlo?

- Ríete de ti. Sobre todo delante de los demás. Muestra tu humanidad. Te ayudará a conectar con los demás y tú te liberarás de presiones.

- Muéstrate ante ti y ante el equipo con optimismo. Si tú no eres optimista ¿quién lo será por ti? Un líder siempre debe ser optimista. El pesimismo no conduce a mejores resultados así que ¿por qué no ser optimista? Te irá mejor y obtendrás mayores beneficios.

- Todos tenemos un mal día, todo el mundo lo tiene. No tengas en cuenta ese día. Bloquea tu pensamiento negativo especialmente en ese día. No tomes decisiones y menos si son importantes. La realidad de las cosas no es la que vemos en esos días tan malos. No pienses ese día. Ya habrá otro mejor donde poder sacar conclusiones más constructivas, reales y precisas.

- Por último, no pares de pensar en positivo. Llega un día en el que sencillamente se convierte en algo natural, que no lleva ningún esfuerzo y sí todas las ventajas.

> *"La negatividad es la manera más rápida de dejar de pensar."*

El cambio está en tu mente

La conversión en un líder pasa por hacer cambios en tu mentalidad. Requiere esfuerzo, pero pocos esfuerzos tendrán tanto impacto y tan buenos resultados como los que conlleva crecer conscientemente en tu liderazgo.

> *"Gran parte del éxito de tu transformación pasa por tu determinación a adquirir nuevos hábitos".*

Un cambio tan importante, un cambio de mentalidad que requiere sobrescribir tus hábitos necesita intencionalidad, consistencia, determinación y tiempo. Es a través de la repetición como se adquieren los hábitos. Es mediante la consciencia del momento, estando plenamente presente como tomamos decisiones de valor y como guiamos nuestro comportamiento.

Recuerda que el fallo no es un destino final o una posibilidad, es una estación de paso obligado. Es una estación de avituallamiento. No te pares demasiado en esta estación y sigue viajando. Identifica aquello que te hace falta, hazte con ello y sigue tu viaje hacia la siguiente estación. Hacia el siguiente objetivo.

Has llegado hasta aquí porque quieres mejorar. Quieres mejorar sustancialmente. Quizá sentías que ya no era posible una mejora sustancial. Ahora has descubierto que el liderazgo es la manera de alcanzar tu máximo potencial.

Puede que te resulte abrumador el esfuerzo. En ese caso céntrate en una de las claves durante algún tiempo. Así las irás absorbiendo. Después podrás pasar a la siguiente y seguirás interiorizando nuevas claves. No te abrumes. En realidad el liderazgo es un viaje sin fin y ahí reside parte de la motivación, porque siempre podrás mejorar. Entras en la dinámica de la mejora continua de tus resultados, de tu liderazgo y del liderazgo de los demás.

> *"Piensa más allá de las posibilidades que crees tener, no te limites y averigua cómo dar pequeños pasos, uno tras otro."*

Acción

Si hay algo entre las ideas y los resultados es la acción. Los líderes son personas que hacen que las cosas sucedan. Los líderes son evaluados por sus acciones, por tanto, se requiere acción. Ponen sus ideas a prueba. La acción es el departamento de I+D+I de un líder.

La mejora y el éxito se consiguen a través de la acción. La pasividad te mantiene en el mismo lugar, lo que quiere decir que a medio o largo plazo se estará peor.

Posponer ideas y acciones hasta que al fin encuentres la excusa perfecta de "ya es demasiado tarde" no es una solución ni una idea en sí misma. No produce cambio ni avance.

No pospongas mejorar. Piensa hoy qué harás mañana desde que te levantes. De todo lo leído ¿qué puedo empezar a aplicar mañana?, ¿te da pereza?

Cuando practicas e interiorizas el hábito de la acción nada es igual. Cuando empieces a avanzar en una de las claves o consejos, empezarás a verle mayor sentido y ya no te parecerá igual. Descubrirás cosas nuevas. Ese es el gran valor de la actividad en cosas nuevas, que te motivan, que tienen un por qué y un objetivo. Entonces verás que el día no tiene suficientes horas para todas las cosas que se te ocurren. Y no me refiero a cosas que te mantengan simplemente ocupado. Hablo de cosas que te hagan mejor.

¿Tienes una idea o has aprendido algo que podría funcionar en tu equipo? Ponla en práctica y serás tú quien después tenga una historia que contar y con la que demostrar parte de tu valía.

La acción te hace confiar en ti. La acción te permite ver el potencial que llevas dentro. Te refuerza al enfrentarte a tus temores directamente. No esperes a la idea perfecta o al momento oportuno porque si no corres el riesgo de dormir tu acción para siempre. Es más importante hacer que esperar a alcanzar la perfección. Esperando no se alcanza la perfección, esta se alcanza a través del ensayo y el error.

El mejor momento es ¡ya! ¡Ahora! Es el momento, es tu momento. Más adelante habrá otros e inesperados inconvenientes. Los obstáculos de hoy, los conoces y con determinación y acción, los irás superando. El paso más determinante es el de la acción.

No le des motivos ni razones a tu mente para que construya un muro de imposibilidades, dale motivos y razones suficientes para que tienda un puente entre tus mejores ideas y tu futuro exitoso.

Incluso haz aquello que quieres, aunque a veces pudiera parecerte estúpido. No te arrepentirás porque estarás viviendo intencionalmente. Sólo te podrías arrepentir de "no haberlo hecho". Piénsalo, ¿de qué modo negativo te habrá impactado eso que hoy te da miedo/vergüenza/pereza dentro de cinco años si comienzas a hacerlo hoy mismo? No demasiado o nada. ¿Y los beneficios? Merecen la pena.

¿Tienes una idea, un deseo o un reto? Entonces planea ahora y empieza en unas horas. Posiblemente infravaloras el poder de nuestra mente. Lo importante no es la inteligencia, sino la manera en la que utilizamos nuestra mente.

"Averigua el millón de -pequeñas cosas- que producirán la -gran cosa-."

En este momento ya has leído toda la información y puedes comenzar el mayor salto que probablemente nunca hayas dado. ¡Comienza a practicar! Es el momento de empezar a implementar aquellas acciones que te hayan resultado más interesantes para comenzar a ganar confianza, ver resultados pronto y comenzar a ser verdaderamente intencional. Aprovecha cualquier experiencia para sentirte más presente.

Cada vez se hablará más y más sobre liderazgo. Pero lo cierto es que todo comienza en liderarse a uno mismo. En ganar autoconciencia.

Cuanto mejor te lideres mejor podrás liderar a los demás. Por ello, parte del libro no es sobre cómo liderar a los demás, sino cómo liderarte a ti mismo. Es así como una persona puede alcanzar su máximo potencial.

Supongo que ya tienes claro aquello que tanto insistía al principio sobre la diferencia entre gestionar/dirigir (manage) y liderar (lead). Entre gestión/dirección (management) y liderazgo (leadership). Ambos conceptos se complementan. El proyecto se gestiona y a las personas se las lidera. Pero ¡que te voy a contar ya!

> *"Los sueños te alimentan, la reflexión añade intencionalidad y valor a tu actitud y la acción hace que las cosas sucedan."*

Resumen

Llegamos al final del libro y por tanto es el momento de hacer un rápido recorrido por lo que hemos visto.

En el Capítulo 0, *Introducción*, te conté los dos factores determinantes que me permitieron encontrar mi autentica pasión. Mi gran descubrimiento del poder de "las personas importan", más la revelación de la encuesta en la que se concluía "el liderazgo es clave en el éxito", unidos a mi gran pasión y ganas de desarrollo en el mundo de los proyectos, el mío y el de los demás, fueron los factores determinantes que me impulsaron a la creación de este libro.

En el Capítulo 1, *la imagen errónea del liderazgo en nuestra cultura*, hicimos un esfuerzo de autocrítica. En las culturas española y latinoamericanas, el concepto de líder cuenta frecuentemente con connotaciones negativas. No tiene glamour, ni da caché ser un líder. Alcanzar los mejores resultados pasa por liderar por lo que resulta necesario conocer las virtudes de un líder. Un líder es alguien que sirve a un equipo creando poderosas sinergias, consiguiendo resultados que no hubiesen sido posibles sin su actitud. Es el resultado de una actitud personal que inspira a los demás a su superación.

El Capitulo 2, *de jefe de proyectos a líder de proyectos*, fue la antesala de las 7 claves. Fue donde después de apartar las connotaciones negativas que tiene el concepto líder en nuestra cultura, comenzamos a dibujar al líder en el que queremos transformarnos. Conocimos múltiples rasgos que nos ayudaron a ganar claridad.

Y al fin llegamos al Capítulo 3, donde se expusieron las 7 claves. La primera Clave fue, *diseñando el estilo de un líder*. Todo líder conoce el estilo y las variaciones que son necesarias aplicar en función del momento y de la persona. Ya que son únicamente a las personas a quienes se lideran, el estilo de liderazgo es esencial.

La Clave número dos, *la historia de cada persona*, es una de las claves que habitualmente más impacta. La primera vez que te encuentras con alguien, ya sea miembro del equipo o en general, cualquier persona afectada por el proyecto, tenemos una buena oportunidad de empezar a construir los cimientos de una relación que produzca los mejores resultados. Conocer la "historia de cada persona" favorece la conexión al tiempo que se transmite "tú me importas".

En el Clave tres, *inspirar construyendo una visión*, se expuso cómo la construcción de la visión, es la manera de construir un bloque que transciende el propio equipo del proyecto. Favorece el entendimiento entre todos los interesados, aclara dudas, diluye los mal entendidos y en definitiva propicia el mejor clima para obtener los mejores resultados.

En la Clave número cuatro, *empoderar al equipo*, vimos cómo al compartir parte de la responsabilidad con el equipo, todos sus miembros ganan autonomía. Esta clave construye un equipo muy sólido, entre cuyas fortalezas se encontrará la autonomía en el trabajo. Este hecho no sólo será bueno para el proyecto de ese momento, sino especialmente para futuros proyectos y por tanto para la vida de la empresa.

En la Clave cinco, *escucha y pregunta*, desmenuzamos en detalle los diferentes niveles de escucha. Es mucho más que oír. Es poner la adecuada atención, es conocer el poder de las preguntas importantes, es prestar atención a lo que no se dice y es ponernos en el lugar de la otra persona para poder reunir información de gran valor y tomar mejores decisiones.

En la Clave seis, *liderar con el ejemplo*, conocimos el enorme poder que tiene cuando no hay diferencia entre lo que decimos y lo que hacemos. Es un compromiso que adquirimos con nuestros valores que demuestra integridad y disciplina. Entre otros efectos produce seguridad, motiva, reta e inspira al grupo.

La última Clave, la número siete, *la intencionalidad clave en todo líder*, la considero particularmente la más importante, pues es la que mueve todo. Nace de la reflexión y el deseo para después aplicar el ingrediente fundamental que es la acción que convierte todo en realidad, una y otra vez. Es la clave que transforma la teoría en realidad.

Llegábamos después al Capítulo 4, *disciplinas para una mejora exponencial.* Proponíamos una serie de disciplinas, comunes entre grandes líderes, que sirven para ayudar a crear una gran base sobre la que apoyar tu liderazgo. Son disciplinas sencillas de implementar que nos ayudan a seguir creciendo.

Aproximándonos al final del libro, en el Capítulo 5, *un líder conecta,* presentábamos el secreto que hace a todo líder conectar. Para conectar, un líder habla de lo que más le interesa a todo ser humano, se interesa honestamente por los demás y en muchas ocasiones se prepara para ello. Ayuda también el mostrarse vulnerable porque las relaciones en el proyecto se basan en generar confianza.

Finalmente llegábamos al Capítulo 6, *qué hago para conseguirlo.* En él veíamos la importancia de perseverar en la mejora de tu liderazgo como la fórmula para alcanzar tu verdadero potencial. Para lograrlo se debe partir de un cambio de mentalidad, donde la actitud siempre positiva, y la acción te ayudarán a obtener los mejores resultados posibles en la gestión de proyectos mientras te transformas en un líder intencional.

Espero y deseo que puedas Alcanzar Tu Máximo Potencial en la Gestión de Proyectos transformándote en un Líder Intencional.

> *"Liderar no es un destino, es una labor diaria."*

Gracias:

Mi reconocimiento y agradecimiento a ti, profesional de la gestión de proyectos que buscas incansablemente la manera de ser mejor.

Me agrada encontrarme con alguien de mi misma especie, con alguien con quien el entendimiento sería sencillo.

Me alegra saber que reconoces el verdadero concepto del liderazgo. Con tu esfuerzo y con el de otros compañeros podremos compartir nuestra pasión por alcanzar metas que parecían imposibles y contribuir al crecimiento de los demás.

El sentido de este libro eres tú. Mi misión ha sido compartir mi experiencia con quien comparte mi inquietud y mi misma motivación, alcanzar el máximo potencial en nuestro campo, la gestión de proyectos.

Es posible que en el futuro podamos trabajar juntos. Nunca lo descartes. Sea así o no, espero que mantengas esa inquietud de sobresalir de ti mismo, siempre.

Mis mejores deseos,

David Romero

Más información:

Para encontrar más información sobre el liderazgo en la gestión de proyectos visita www.liderazgoenproyectos.com, donde espero poder seguir ayudándote. Para no perderte mis nuevas publicaciones, te recomiendo que te suscribas gratuitamente en la web.

Si has leído el libro me gustaría saber de ti. ¿Qué has aprendido?, ¿qué te ha hecho ver el libro?, ¿qué es lo que más te gustó? o ¿qué es lo que te gustaría haber visto en él o en mayor profundidad? La única forma de que esto ocurra es que te tomes unos minutos, escribas y me lo cuentes. Escríbeme al correo david.romero@liderazgoenproyectos.com y en el tema del mensaje escribe "he leído el libro" o algo parecido para ayudarme a defenderme del correo no deseado. Gracias por tu comprensión.

Bonus:

Gracias por comprar este libro. Quiero que incluso sea algo más que un libro que trata de ayudarte a alcanzar tu máximo potencial.

Como prueba de mi compromiso contigo, por la compra, has ganado el derecho de tener mi atención para poder ayudarte en aquello que tú decidas. Serán 15 minutos de mi tiempo, totalmente gratis. Aprovéchalo porque mi ofrecimiento será durante el año 2016.

Si quieres que hablemos, debes hacerlo de la siguiente manera: Necesito que me envíes un e-mail al correo david.romero@liderazgoenproyectos.com y en el tema del mensaje escribas "mis 15 minutos en liderazgo en proyectos".

Cuéntame brevísimamente en un par de líneas qué quieres conseguir en tu campo profesional o qué metas te estás empezando a plantear y por qué. Nos ayudará a comenzar nuestro encuentro desde una base para poder ir más rápido al grano y tener un encuentro más eficaz. No obstante, si no lo tienes claro o prefieres que lo hablemos en otro momento, no pasa nada, tú decides, es tu derecho y no una obligación. Juntos buscaremos la mejor fecha para ambos.

¡Estoy deseando escucharte y aprender de ti!

Liderazgo en Proyectos | **David**Romero

Adding Value in Project Management Leadership